당신,
힘들었겠다

당신, 힘들었겠다

외롭고 지친 부부를 위한 감정 사용설명서

박성덕 지음

21세기북스

PROLOGUE

위로받지 못한 당신, 참 힘들었겠다

"더 이상 그 사람이랑 살아야 할 이유를 모르겠어요. 남보다 못한 사이가 되었는데 아이 때문에 참고 살아야 하는 건가요? 정말 다른 사람들도 다 이렇게 사나요?"

상담실을 찾는 내담자들의 고민은 모두 다르지만 아이러니하게도 비슷한 면이 많다. 자녀 교육, 시댁과 처가 문제 등 부부 갈등의 원인은 각기 다르지만 결론은 한 가지, 어디 마음 둘 데가 없다는 것이다. 오죽하면 '살고 싶어서 이혼한다'는 말까지 나오겠는가. 그런데 이런 하소연 앞에 "결혼은 원래 그런 거야, 사랑이 밥 먹여주나? 그냥 참고 살아"라고 이야기하는 사람이 많다. 이 말만큼 부부 관계에서 무책임한 말은 없다.

인생을 살다 보면 크고 작은 상처가 생기기 마련이다. 대부분의 생채기는 어느 정도 시간이 해결해주는 것 또한 사실이다. 하지만 안타깝게도 부부 문제만큼은 이 법칙을 비켜나간다. 시간은 결코 아무 문제도 해결해주지 않는다. 오히려 오해와 갈등만 키울 뿐이다.

'감정적 이혼'을 선택한 사람들

구수한 된장찌개 냄새를 맡으며 일상을 공유하고, 서로의 심장소리를 들으며 따뜻한 체온을 나누는 지극히 사소하고 평범한 일상이 왜 우리 부부에겐 허락되지 않는 것일까? 그저 보통 사람들처럼, 지극히 평범하게 사는 일이 우리 가족에게는 왜 이렇게 힘든 것일까?

부부는 일심동체가 아니라 감정 공동체다. 상대의 기분이 곧 나의 기분으로 옮겨가는 경우가 많다. 특히 부정적인 감정이 그렇다. 이런 경험이 잦아지면 자신도 모르게 배우자와 '감정적 이혼'을 하게 된다. 신뢰와 존중은 사라지고 비난과 무관심이 난무하는 최악의 관계만 남는다.

아내에게 인정받지 못하고 존중받지 못한 당신, 많이 힘들었을 것이다. 남편에게 위로와 공감을 받지 못한 당신 역시 많이 힘들었을 것이다. 배우자가 아닌 타인에게 평안과 위안을 찾는 당신, 정말 고생 많았다.

부부는 서로 믿고 의지하면서 평생을 살아가야 한다. 따라서 부부 갈등을 줄이려면 서로의 마음부터 들여다보아야 한다. 그래야 부부 사이에 일어나는 대부분의 문제가 해결된다. 아픈 곳은 없는지, 채워지지 않은 부분은 없는지 섬세하게 보듬을 줄 알아야 한다.

부부 관계를 되돌리는 첫 단계는 공감이다. 공감은 상대의 마음을 그대로 인정하는 것에서부터 시작한다. 시댁 문제로 어려움을 토로하는 아내에게 "뭐 그런 일로 그래?"라는 말은 더 이상 말하지 말라는 이야기다. 그럴 때 "그랬구나, 당신 힘들었겠다"라고 말해주면 그 이상의 이야기도 할 수 있게 되고, 그 과정에서 많은 부분이 해결된다.

사회생활 경험을 떠올려보자. 함께 진행하고 있는 프로젝트 때문에 고민하고 있는 후배에게 "그게 뭐라고 고민해? 너는 따라오기만 해" 하고 면박을 주면 그 후배는 두 번 다시 당신에게 속마음을 털어놓지 않는다. 아마 그 프로젝트가 잘 진행될 가능성도 낮을 것이다. 부부 관계라면 말할 것도 없다. 삶의 A부터 Z를 함께 결정해야 하고 인생의 고비마다 서로에게 힘이 되어야 하는데 그 첫 단추마저 꿰지 못하고 서로를 찔러대기만 한다면 어떻게 살아갈 수 있겠는가.

기적은 누구에게나 일어난다

우리는 너무 쉽게 착각을 한다. 결혼하고 나면 사랑이나 행복 같은 감정은 뒤로 미뤄두고 남편과 아내라는 위치에서 서로의 역할이 우선이라고 생각하는 경우가 많다. 결혼은 생활이라는 말로 모두가 그렇게 사는 것처럼 이야기하기도 한다. 틀린 말이다. 부부가 관계를 회복했을 때 벌어지는 놀라운 일들을 수도 없이 봐왔다. 심지어 아내의 지지를 받는 남편은 그렇지 않은 사람보다 높은 연봉을 받는다는 결과도 있다. 이런 일이 당신 가정에 생기지 말라는 법도 없다.

이 책에는 배우자의 감정을 이해하고 사랑을 회복할 수 있는 방법을 담았다. 2천 쌍이 넘는 부부를 상담하면서 얻은 데이터를 바탕으로 갈등의 원인과 해결책을 쉽게 설명하고자 했다. 배우자의 도무지 이해할 수 없는 행동도 천천히 살펴보면 분명히 이유가 있다. 원인도 모른 채 끝도 없는 갈등에 매몰되어 있는 부부들이라면 그 원인을 찾을 수 있을 것이다.

많은 사람들이 부부라는 '소중한 자리'를 찾아가기를 바란다. 부부가 친밀감을 회복했을 때 누릴 수 있는 수많은 기쁨을 만끽하기를 바란다. 마지막으로 혼자 끙끙 앓으며 더 나은 부부 관계를 위해 백방으로 노력했을 당신에게 이 책을 바친다.

C O N T E N T S

PART 4 사랑한다고 마음까지 다 알 것이라는 착각은 버려라

PART 5 부부의 사랑을 재구성하는 7가지 법칙

PART 6 부부가 살아나면 가정이 살아난다

EPILOGUE

PART 1

당신, 힘들었겠다

결혼하니 영원할 것 같던 로맨스는 사라지고

남은 건 팍팍한 현실뿐이다.

비슷하다고 생각했는데 너무도 다르다.

갈등만 반복되니 같은 공간에서 숨 쉬는 것조차 괴롭다.

이럴 때 필요한 말

"당신, 힘들었겠다"

왜
내 마음을
몰라줄까?

"저한테는 가장 역할이 제일 중요해요. 돈을 벌어 가족들을 편하게 살도록 해주는 게 최우선이에요. 같이 외식하기로 했어도 일 때문에 못하게 되면 당연히 이해해줘야 하는 것 아닌가요? 그런데 아내는 그걸 이해 못해요. 회식하는 것도 사람들이랑 술 마시고 늦게 들어가는 것도 다 일인데, 그걸 노는 거라고 생각하나봐요. 그래도 아이들 교육이나 잘 시키고, 저희 어머니한테만 잘하면 저는 불만 없어요. 저한테는 신경 안 써도 돼요."

"남편이 회식하고 늦게 들어올 거라고 하면 가슴이 막 두근두근하고 잠이 안 와요. 제가 이런 말을 하면 남편은 배부른 소리 하고 있다고 화를 내요. 늘 저보다 어머님이 먼저구요. 어머님한테 이렇게 해드려라, 저렇게 해드려라, 무슨 말은 하라, 하지 말라 지시까지 해요. 내 마음을 좀 알아달라고 하면 뭐가 불만이냐고, 시어머니가 싫은 거냐고 말해요. 저는 시어머니가 싫은 게 아니거든요. 살아생전 시아버지가 시어머니를 그리 무시하더니, 딱 시아버님이 하던 대로 하고 있어요. 제 말을 하나도 들어주지 않아요. 아이가 남편 닮을까 걱정이에요. 남편은 자기가 가족들한테 잘하고 있다고 생각해요. 뭘 잘못하고 있는지 몰라요. 저도 나가서 돈 벌고 싶은데 할 만한 것도 없고… 정말이지 비참해요."

제발 나만 보지 말고 당신 위해 살아

아내는 남편이 자신에게 엄마, 며느리 역할만 강조하는 게 싫었다. 남편이 자신을 이해해주지 않는 게 화가 났다. 남편 때문에 신경이 곤두서 있을 때 아이들마저 속을 썩이면 화를 주체할 수가 없었다. 남편에게 존중받지 못하니 우울감은 깊어가고 매사에 의욕이 떨어졌다.

남편은 어떻게든 잘 살아보려고 가족을 위해 열심히 일하고 있는데 고맙게 생각하지는 못할망정 불평 불만인 아내를 이해할 수 없었다. 아내가 자기만 바라보는 것 같아 부담스러웠다. 자신은 밖에서 일하는 사람이니 집 안에서 일어나는 일들은 모두 아내가 알아서 처리해주길 바랐다.

남편은 자기 정도면 괜찮은 가장이라고 생각했지만 사실 가정에서 남편과 아버지로서 어떻게 해야 하는지 전혀 모르고 있었다. 화목하고 행복한 가족이 얼마나 긍정적인 에너지를 주는지 생각해본 적도 없었다. 가족 구성원 한 사람의 문제는 온 가족의 문제라는 말도 낯설기만 했다.

"안 좋았던 일만 자꾸 곱씹으면 뭐해요. 불길한 생각도 그만했으면 좋겠구요. 저한테 사고가 나지 않을까, 제가 외도하지 않을까, 제가 저희 어머니에게 또 무슨 말을 했을까, 왜 그런 생각만 하는지 몰라요. 뭘 하면 즐거운지 생각해보라고, 취미를 가져보라고, 밀어주겠다고 해도 절대 안 해요. 저도 이제는 화가 나요. 아내가 자기 자신을 소중히 여기면 좋겠어요."

그러나 아내는 여전히 남편에게 관심받기를 원했다. 자신을 이해해주기를 바라는 것뿐인데 냉정한 남편이 야속했다.

"제가 남편에게 가장 소중한 사람이면 좋겠어요. 결혼하고 나서는 한 번도 내가 사랑받고 있구나 하는 느낌을 받아본 적이 없어요. 남편은 늘 밖에서 에너지를 다 써요. 제발 그러지 말고 가족한테도 에너지를 좀 쓰면 좋겠어요. 게다가 남편은 제 기분은 아랑곳하지 않아요. 제가 화가 나 있어도 자기 기분이 좋으면 장난치고, 자기 기분이 나쁘면 화내고. 다 자기 마음대로예요. 남편 앞에 서면 저는 무가치한 사람이 되어버려요. 남편 사업이 잘되는 것도 싫어요. 그러면 저를 더 무시할 것 아니에요."

다른 사람은 다른 사람이다

배우자의 위로만큼 우리에게 힘을 주는 것은 없다. 이 사실을 알지 못하는 많은 남편과 아내는 오늘도 외롭게 살아가고 있다. 부부의 문제를 담장 안에 가둔 채 악순환의 고리만 단단하게 만들고 있는 것이다. 한마음이 되어 서로를 위로하며 힘을 얻어야 할 부부가 각자 다른 곳을 보며 외롭고 고통스럽게 살아가고 있는 모습을 보면 마음이 아프다.

행복하려고 한 결혼이다. 결혼생활이 신혼여행처럼 그저 행복할 것이라는 착각은 한두 달이면 깨진다. 그때부터 부부는 도대체 왜 무엇이 문제인지 고민하기 시작한다.

우리가 알아야 할 것은 행복은 그냥 오는 것이 아니라는 사실이다.

서로 다른 세계에서 살아온 두 사람이 만나면 갈등은 필수다. 어떻게 해결하느냐가 결혼생활의 성패를 좌우한다. 해결의 첫 단추는 이해다. 전부를 줘도 아깝지 않은 사람이라도 그 사람은 나와 다른 사람이다. 다른another 사람은 다른different 사람이다. '왜 내 마음을 몰라주지?'라고 생각하기보다 '어떻게 하면 내 마음을 알아줄까?'를 먼저 고민해야 한다.

결혼하기 전보다 외롭다는 사람들

1864년, 미국 서부 개척민 80명이 산맥을 넘다가 눈보라가 몰아쳐 계곡에 갇혔다. 이들은 이듬해가 돼서야 구조되었는데, 가족 없이 혼자 갇혔던 사람은 15명 중 3명, 가족과 함께 갇혔던 사람은 노인과 아이를 포함해 절반이 훨씬 넘게 생존했다고 한다. 이를 두고 인류학자들은 '가족은 생존의 보증수표'라고 평했다.

인간은 위험에 처하거나 두렵고 억울한 일을 당할 때 의지할 대상을 찾는다. 어린아이는 엄마를 곁에 두기 위해 울기도 하고 웃기도 하고 화도 내면서 끊임없이 나를 지켜달라고 신호를 보낸다. 엄마가 자신의 신호에 반응하지 않거나 아예 자리를 뜨면 어마어마한 공포를 느끼기도 한다.

인간의 가장 중요한 생존 전략은 필요한 사람을 곁에 두는 것이다. 그래서 인간이 결혼하는 이유는 생존을 위해서라고 말하는 이도 있다. 하지만 한편으로 부부는 세상 누구보다 서로에게 깊은 상처를 줄 수도 있는 관계다.

당신이 곁에 있어도 여전히 외롭다

"결혼 전보다 더 외로워요."

부부 상담을 하러 오는 많은 이들이 이런 말을 한다. 그럴 수 있다. 함께 가정을 꾸려 살면 외롭고 험한 세상을 안전하게 살 수 있을 것이라고 믿었는데, 그 동반자가 자신의 마음을 외면하고 달래주지 않으면 기대한 만큼 더 실망하고 외로움을 느끼게 되는 것이다. 특히 결혼하고 10년 정도 지나 자녀가 부모 손을 덜 타는 시기가 오면 외로움은 더해진다. 아내는 아내대로 자신의 감정을 표현할 데가 없어 외롭고, 남편은 남편대로 아내가 자신의 수고를 알아주지 않아 외롭다. 그런데 이런 외로움을 가벼운 감정으로 치부하고 넘어가서는 안 된다.

인간에게는 생존에 필요한 기본욕구가 있다. 기본욕구는 인간이 살아 있는 동안 계속해서, 생겨날 때마다 채워져야 하는 욕구다. 기본욕구가 충족되지 않으면 인간은 생명에 위협을 느낀다. 대표적으로 식욕, 수면욕 등이 있는데, 그중 많은 사람들이 간과하고 있는 아주 중요한 기본욕구가 있으니 바로 '친밀감에 대한 욕구'다.

화나고 불안하면 인간은 먼저 친밀한 대상부터 떠올린다. 생존과 관련된 기본욕구다. 그래서 가장 친밀한 대상인 배우자 때문에 느끼는 외로움은 살면서 느끼는 어떤 외로움보다 강력하다. 힘들 때 배우자로부터 위로를 받지 못하면 죽고 싶을 정도로 힘들어지는 건 그 때문이다. 반대로 어떤 상황에서도 배우자가 자기를 믿어주고 위로해주면 다시 자신감과 안정감을 찾고 행복하게 살아갈 수 있다.

외로움은 절박한 신호

식욕과 수면욕을 느끼면 음식을 섭취하고 잠을 자야 하듯이 외롭고 힘들 때는 누군가의 위로가 필요하다. 누군가 그것을 충족시켜주면 세상이 살 만하게 느껴진다. 자신을 힘들게 한 원인이 무엇이든 누군가 자신을 위로해주면 비록 문제가 해결되지 않더라도 더 이상 힘들게 느껴지지 않는다. 장모, 시어머니, 상사, 친구 등 누구라도 자신을 힘들게 할 때, 배우자가 자신의 마음을 알아주고 위로해주면 마음이 안정되어 문제를 해결할 힘이 생기는 것이다. 아이들도 마찬가지다. 부모의 사랑을 충분히 받는 아이들은 친구들과 잘 싸우지 않는다.

우리는 몸이 불편한 사람에게는 관대하지만 마음이 아픈 사람에게는 박한 경향이 있다. 자기 자신에게도 그렇다. 마음이 약해서, 정신력이 부족해서, 쓸데없이 예민해서라며 자책하는 경우가 많다. 외롭다고 느껴도 별것 아니야, 하며 상대에게 내비치기를 꺼려 한다.

사랑해서 결혼한 사람들이 외로워서 이혼한다. 내 안에서 보내는 외로움의 신호를, 외침을 그냥 넘기지 말자. 당신의 마음이 당신에게 보내는 절박한 요청이다.

표현하지 않는 사랑은 무관심이다

부모가 자녀에게 존재 가치를 부여하려면 두 가지 측면을 고려해야 한다. 즉 자녀의 존재를 인정해주는 것과 동시에 부모의 존재를 보여주어야 한다. 자녀를 비난하거나 무시하는 것 이 두 경우 모두 자녀의 존재를 부인하는 태도다. '네가 알아서 하라'라는 무관심한 반응은 자녀에게 고통이 된다. 부모가 자녀에게 자신의 느낌과 감정을 충분히 표현하고 확실하게 전달함으로써 부모 자신을 보여주어야 한다.

부부 간에도 마찬가지다. 배우자의 감정을 무시하고 비난하는 것도 문제지만 배우자에게 자신의 감정을 표현하지 않고 회피하는 것 역시 커다란 고통을 준다.

상대를 벼랑 끝으로 모는 무관심

한 남편은 아내가 어떤 질문을 해도 늘 "괜찮아"라고만 대답했다. 부부가 같이 어떤 결정을 해야 할 때도 "당신이 하라는 대로 할게"라고 답했다. 자신의 생각과 감정을 보여주지 않은 것이다.

그때마다 아내는 남편이 자기를 소중하게 생각하지 않는다고 느꼈다. 늘 똑같이 대답하고 행동하는 무성의한 남편이 미웠다. 그래서 아내는 '괜찮아'를 금지어로 정했다.

부부는 무엇보다 배우자의 감정과 생각을 인정해주고, 자신의 감정과 생각도 표현해야 한다. 무조건 화를 내거나 회피하지 말고 소통을 해야 한다. 다른 사례를 살펴보자.

초등학교 시절 왕따를 경험한 아내가 있었다. 아내는 여중, 여고를 거쳐 여대에 갔는데, 어릴 때도 어른이 되어서도 매사에 자신이 없었다. 연애도 남편하고만 해봤다.

아내의 부모는 아내에게 무관심했다. 아내를 인정해주지 않았다. 무슨 말을 해도 화를 냈다. 특히 슬프다, 힘들다, 화난다, 무섭다 같은 감정을 표현하면 아주 싫어하고 하지 못하게 했다. 그래서 아내는 자신의 감정을 잘 표현하지 않았으며 이성적이고 냉정한 편이었다. 어떤 상황에서도 눈물을 보이지 않았다. 사람들로부터 '공감이 안 되는 사람'이라는 말을 자주 들었다. 어려서는 부모가 밀어내서 힘들었는데, 성인이 되어서는 다른 사람에게 다가가기가 힘들었다. 누구와도 관계를 맺기가 어려웠다. 부모에 대한 분노가 올라왔다. 우울했다. 어느 순간부터 자신은 행복을 누리며 살기 어려운 존재라고 생각하게 되었다.

결혼을 해서도 아내의 이런 우울감은 이어졌다. 남편이 왠지 자신을 무시하고 없는 사람 취급하는 듯한 느낌이 들었다. 그런데 어느 날 아내가 울고 있는데, 남편이 다가와 끌어안고 "울어도 돼. 편히 울어…" 라고 말했다.

"그날 처음으로 남편에게 완전히 마음이 열렸어요. 제가 느끼는 감정을 남편이 알아주는 것 같았거든요. 남편이 제 존재를 전적으로 인정해주는 느낌이 들었어요. 생각해보면 그날 저는 다시 태어났는지도 모르겠어요. 그날 이후 조금씩 자신감이 생겼거든요."

나의 존재를 드러내야 한다

일반적으로 남자는 한 공간에 살고 있다는 것만으로도 배우자에 대한 존재 의의를 느끼고 결혼생활이 잘 돌아가고 있다고 생각한다. 아내와 친밀감을 나누지 않아도 불편하게 느끼지 않는다. 그래서 굳이 감정을 표현하지 않는 때가 많다.

하지만 아내는 친밀감을 느끼지 못하면 불안하고 힘들어하는 경우가 많다. 한 공간에 살고 있는 사람, 남편과 친밀하지 않은 것 자체가 고통이다. 남편이 외도를 하거나 폭력을 쓰지 않는데도 아내들이 고통을 호소하는 이유다.

첫 부부 상담 후에는 간단한 설문조사를 하는데, 많은 경우 아내는 부부 문제가 심각하다고 생각하고 이혼까지 언급한다. 하지만 남편은 아무 문제가 없다고 생각한다. 이혼은 안중에도 없다. 남편과 아내 사이에 심각한 감정의 온도 차가 있는 것이다. 이를 방치해서는 안 된다.

부부는 배우자를 인정해줄 뿐만 아니라 배우자에게 나의 존재를 보여주어야 한다. 나의 생각, 감정을 보여주어야 한다. 그것이 바로 내가 당신을 사랑하고 있다는 것을 의지적으로 보여주는 행위다. 표현하지 않는 사랑은 무관심이다. 상대가 나에게 관심이 없다고 느낄 때 '친밀감의 욕구'는 좌절된다. 나를 드러낼 때 가족도 나를 의미 있게 생각한다.

남편을 보면 아내가 보인다

애착이란 '정서적 친밀감'이고, 친밀함을 나누는 대상은 다른 말로 '애착대상'이라고 한다. 애착대상과의 관계는 두 가지에 결정적인 영향을 미친다. 하나는 자기 자신에 대한 자아상이고, 다른 하나는 타인에 대한 신뢰다. 이렇게 애착대상은 개인의 존재를 결정한다. 애착대상이 나에게 가치를 부여해주고 내가 하고 있는 일에도 가치를 부여해줄 때 자아상도 긍정적으로 자리 잡을 수 있다.

예를 들어 아이는 부모로부터 적절한 위로를 받지 못하면 자아상이 뒤틀어져 자신을 부정적으로 생각하게 된다. 그리고 다른 사람을 신뢰할 수 없어진다. 어릴 때 중요한 존재로부터 자신의 존재를 인정받지 못하면 어른이 됐을 때 자신이 하는 일에 대해서도 가치를 느끼지 못한다. 다른 사람의 평가와 시선을 과도하게 의식하든지 아니면 아예 무시하는 경향이 생기기도 한다. 이처럼 주요 애착대상과 어떻게 관계를 맺었는지에 따라 몇 가지 애착유형으로 나눌 수 있다.

애착의 유형

첫 번째는 '안정형'이다. 부모로부터 충분한 사랑을 받고 부모와 친밀감을 경험한 사람은 자기 자신을 신뢰하고 자신감이 넘친다. 혼자 있을 때도 자신의 역할을 잘 수행하고 적절하게 우선순위를 정해 스스로 알아서 행동한다. 타인과 관계를 잘 맺으면서도 동시에 독립적으로 활동한다. 타인을 배려하고 쉽게 화를 내지 않는다. 자신의 감정을 잘 표현하고 타인에게 공감도 잘한다. 사람에 대해서 거부감이 없고, 타인의 도움도 편안하게 받아들인다. 배신당하거나 버려질지도 모른다는 염려와 두려움으로 시간을 낭비하지 않는다. 자신의 역량을 건설적인 방향으로 사용할 수 있다.

두 번째는 '불안형'이다. 불안형은 일관성 없는 양육과 무관심, 학대를 받은 경우로 '불안과 회피'의 전략을 구사한다. 이러한 전략은 힘들거나 두렵거나 고통스럽다고 느끼는 상황에서 더 쉽게 작동한다. 자신감이 떨어지고 감정에 과도하게 압도되는 경향이 있다. 거절에 대한 두려움이 크기 때문에 애착대상이 자신을 거부하는 태도를 보이면 공격적으로 변한다. 애착대상과 늘 함께 있길 바라고 대화하기를 원하고, 사랑을 확인받고 싶어 한다. 안정을 찾을 때까지 지속적으로 위로해줄 것을 요구한다. 그래서 '이야기 좀 해'라는 말을 자주 한다. 애착대상의 마음속에 자신이 존재하는지 너무나 불안한 것이다.

세 번째는 '회피형'이다. 회피형은 관계에서 상처받는 것으로부터 자신을 보호하기 위해 애착욕구를 차단하고 타인을 신뢰하지 않으며 거리를 둔다. 타인을 자신에게 상처를 줄 위험한 존재라고 인식하므로 사람을 대할 때 늘 긴장한다. 특히 자신이 공격받는다고 생각할 때 회피하려는 경향은 더욱 심해진다. 타인에게 마음을 열지 않아 진정한 유대감을 느끼는 사람이 별로 없다.

애착유형은 변화 모델이다. 그래서 어릴 때 부모와 애착을 잘 맺은 사람도 현재 애착대상과 불화가 생기면 불안형이나 회피형으로 변할 수 있다. 반면 어릴 때 부모와의 관계에서 상처가 많은 불안형 혹은 회피형도 현재 부부 관계에서 애착이 잘 이루어지면 서서히 안정형으로 변한다. 그런데 부부의 애착과 부모의 애착은 그 모습이 조금 다르다. 이 차이를 알면 배우자를 어떻게 대해야 할지 조금 더 분명해진다.

부부의 애착 vs 부모의 애착

부부의 애착과 부모의 애착은 무엇이 다른가? 첫 번째는 사랑의 성격이다. 아이에게는 수유를 해주고 기저귀를 갈아주는 등 필요에 대한 실질적인 '공급'이 중요하다. 아이의 생존에 필요한 것들을 공급해주는 사람은 대개 부모다. 그래서 아이에게 부모는 절대적인 존재일 수밖에 없다. 재미있는 사실은 아이는 부모에게 절대적으로 의존할 뿐 부모의 욕구를 충족시켜줄 수는 없다는 것이다. 부모의 사랑이 무조건적인 '내리사랑'인 이유다.

부부의 사랑은 다르다. 실질적인 공급도 중요하지만 부부 사이에는 표상representation, 즉 상징성이 중요하다. 어떤 마음으로 공급하는지가 더 중요하다는 뜻이다. 예를 들어 남편이 게임을 할 목적으로 후다닥 해치우는 설거지는 아내의 외로움을 달래지 못한다. 오히려 더할 수도 있다. 반드시 설거지를 하지 않더라도 아내의 수고에 진심을 담아 '고마워' 한마디 하는 것이 더 나을 수도 있다. 배우자의 진심어린 전화와 문자, 대화는 상징성을 긍정적으로 부각시킨다. 특히 배우자가 심리적으로나 신체적으로 힘들어하고 있을 때는 상징성이 더 커진다.

또 다른 차이는 부부의 사랑은 '성적sexual'이라는 사실이다. 부부가 정서적으로 친밀해지면 자연스럽게 신체적인 접촉이 늘어난다. 아내의 정서를 이해하지 못하고 받아주지 않는 남편이 신체 접촉을 거부하는 아내와 싸우는 경우를 종종 본다. 배우자가 외도를 했는데도 정기적으로 신체 접촉을 하라는 처방에 고통을 받는 경우도 있다. 정서적으로 아직 치유되지 않아 함께 있는 것조차 힘들기 때문이다. 이럴 때 배우자에게 자신이 소중한 존재라는 느낌을 회복하면 자연스럽게 신체적인 접촉이 이루어진다.

마지막으로 사랑의 방향이다. 부부의 사랑은 상호적reciprocal이다. 사랑의 말도, 감사도, 위로도, 미안한 마음도 서로 주고받아야 한다. 일방적으로 한쪽만 가르치는 태도를 보이거나 사랑을 표현하는 것은 부부관계에 결코 좋은 결과를 가져오지 않는다. 부부는 밀물과 썰물처럼 한쪽이 다가가면 다른 쪽이 받아주고 다른 쪽이 다가오면 반대편에서 받아주어야 한다. 한쪽이 힘들다고 할 때 그것을 이해해주지 못하고 나도 힘들다고 되받아치면 둘 다 힘들어진다. 자녀가 부모의 위로로 성숙해지듯이 부부도 배우자가 힘들어할 때 위로하고 함께 있어주어야 함께 성숙해지고 부부의 문제도 쉽게 풀 수 있다.

배우자는 지금 당신이 누구인지를 말해주는 사람이다. 남편을 보면 아내가 보인다. 마찬가지로 아내를 보면 남편이 보인다. 결국 배우자가 있어서 내가 있다. 지금 외롭고 상처받고 있다면 배우자의 모습을 살펴보자. 그늘이 있지는 않은지, 한숨을 쉬고 있지는 않는지.

부부는
서로
다른 곳을
본다

남편 혁수 씨는 변호사, 아내 은영 씨는 의사로 남들이 부러워하는 커플이다. 남편은 성실하고 책임감이 강하고 차가운 편이지만 아이들에게는 좋은 아버지였다. 아내는 남편의 냉정한 면이 좀 걸렸지만 그런 점은 누구에게나 있는 아쉬운 면이라고 생각하고 결혼했다.

"남편이 바르고 능력이 있는 사람이니 조금 아쉬운 점이 있어도 괜찮으리라 생각했어요. 제 감정을 잘 받아주거나 감싸주지는 않았지만 2퍼센트 정도는 부족한 채로 사는 것이 인생이라고 생각했어요. 그런데 25년이 흐른 지금은 그 2퍼센트가 나머지 긍정적인 면을 삼켜버려 100퍼센트가 되어버렸어요. 우리에게는 빈껍데기만 남았어요."

남편은 성실하게 일해 경제적으로 안정되면 행복하리라 생각했다. 그래서 누구보다 치열하게 일했고 자기 분야에서 인정을 받았다.

"아내는 열심히 살았던 저의 모든 과거를 부인해요. 저는 최선을 다해 살았어요. 너무 열심히 앞만 보고 달려서인지 건강도 좋지 않아요. 그런데도 아내는 저를 외면하고 화만 내고 있어요. 그러니 이제 저도 화가 나요. 나한테 까칠하고 공격적이기만 한 아내를 어떻게 좋아할 수 있겠습니까?"

아내는 엄마가 아니다

부부의 바람대로 부부는 경제적으로 안정이 되었고 자녀도 훌륭하게 성장했다. 서울에서 큰 평수의 아파트도 구입했고, 시간이 지나면서 젊은 시절 갈등의 중심에 있었던 시댁과 처가 문제도 많이 줄어들었다. 가족이 함께 신앙생활도 하고 있었다. 그런데 막상 두 사람이 함께 있을 때는 늘 어색한 분위기가 흘렀고 행복하지 않았다. 부부는 서로를 이해할 수 없었다. 어쩌다 대화를 시작하기라도 하면 몇 분 안에 싸움으로 번지기 일쑤였다.

"이 정도 살면 됐지 뭘 더 바라는 거야? 나만한 남편도 흔치 않아.

내가 바람을 피웠어, 폭력을 썼어?"

남편은 아내 앞에 서면 자신이 이룬 모든 것이 무너지는 것 같다. 자신은 아버지와 비교도 안 될 만큼 열심히 살고 있는데 어머니처럼 인내하지 못하는 아내가 원망스럽다.

아내는 아내대로 할 말이 있다. 정말로 외롭고 힘들어서 외롭고 힘들다고 말하는 건데 언제나 돌아오는 대답은 "당신은 뭐가 문제냐, 내가 뭘 잘못했냐?"는 한숨과 고함이다. 남편이 잘못했다고 비난하고 따지는 게 아니라 자기 마음이 고통스럽다고 말하는 건데도 남편의 반응은 자신의 기대와 전혀 다르다. 남편은 자기가 무슨 말을 하는지 귀 기울여 듣지 않는다. 정말로 먹고살기 어려운 사람도 불평 없이 잘 지내는데 뭐가 그렇게 힘드냐고 고함친다. 이대로는 더 이상 결혼을 유지하기 어렵다.

혁수 씨는 경제적으로 안정되고 시댁 방문이 줄어들면 자동적으로 부부가 행복해질 줄 알았다. 물론 그런 것도 중요하지만 은영 씨에게 정말로 의미 있는 것은 따로 있었다. 은영 씨는 남편이 자신을 바라봐주기를 바랐다. 시어머니와 비교하지 않기를 원했다. 한 사람으로서, 여성으로서, 아내로서 자신의 존재를 인정받고 싶었던 것이다. 부부 모두 각자의 위치에서 서로 인정과 위로를 받고 싶었지만 노력의 방향이 너무나 달랐다. 골은 깊어갔고 원망은 커져갔다.

남편은 가난이 싫었다. 가난해서 무시당하고 하고 싶은 것도 하지 못하는 게 너무 큰 상처였다. 무능한 아버지 때문에 힘들어하는 어머니도 안타까웠다. 아버지처럼 되지 않으려고, 가난에서 벗어나려고 악착같이 공부하고 일해서 사회적인 성공을 이뤄냈다.

아내는 어릴 때 부모의 구타와 폭력을 경험했다. 아내의 집에서는 큰소리가 자주 났다. 당연히 집안 분위기는 어둡고 썰렁했다. 그래서 안정적인 가정은 아내의 꿈이었다. 아내는 최선을 다해 가족을 챙겼다. 상담 중에 아내가 말했다.

"저희 부부는 상처가 많아요. 깨진 거울 같아요. 연애할 때는 말도 잘 통했어요. 내 안에 깨진 조각들이 서로 붙어가고 있구나, 하는 느낌이 들었죠. 그런데 결혼하고 나서는 말이 통하질 않아요. 소통이 안 돼요. 조각조각 깨진 거울인 채로 서로에게 반응하고 있어요. 서로를 찔러대고 있는 거죠."

부부 상담의 목표 중 하나는 부부가 자신의 상처와 약점을 이해하고 배우자와 나누거나 끌어안아주면서 상처받기 이전의 온전한 자기 모습을 볼 수 있게 해주는 것이다. 그러기 위해서 대화를 통해 소통하라는 것이다.

그 누구와도 비교하지 않고 자신에게 집중할 때 우리는 스스로에 대해서도 배우자에 대해서도 정확하게 알 수 있게 된다. 나와 배우자에 대해 모르고는 좋은 배우자가 될 수 없고 부부 관계도 건강하게 꾸릴 수 없다. 다른 사례를 살펴보자.

갈등은 욕구의 충돌

어릴 때 부모로부터 받은 상처로 신음하던 아내가 있었다. 윤희 씨는 난폭한 아버지와 늘 욕을 달고 살던 어머니 밑에서 자랐다. 아버지에게 시달리던 어머니는 어린 윤희 씨가 무슨 말을 하거나 엄마에게 매달리면 화를 내고 욕을 했다. 상담 과정에서 윤희 씨는 충격적인 말을 했다.

"제 세포 속에 엄마의 욕이 스며 있는 것 같아요. 그래서 제 자신이 싫어요. 고함도 쳐보고 울어도 보고 상담도 받아봤어요. 하지만 떨쳐지지가 않아요."

상담자로서 가슴이 아팠다. 부모의 사랑을 충분히 받았어도 살아가기 어려울 때가 많은데, 얼마나 힘들지 안타까웠다. 다 포기하고 싶은 마음이 들 법도 한데 다행히도 윤희 씨는 자녀에게 잘하고 싶어 했고, 남편과의 관계를 회복하고자 하는 의지도 강했다. 남편도 힘들었지만 아내를 사랑했기에 관계 회복을 위해서 노력했다. 덕분에 남편은 아내를 깊이 이해하게 되었다.

"당신에게 그렇게 깊은 상처가 있는지 몰랐어. 그 상처 때문에 내가 당신을 힘들게 할 때 더 마음이 아프고 화가 났을 것 같아. 내가 당신을 아껴준다고 생각했는데 이렇게 상처가 깊을 거라고는 생각하지 못했어. 힘들 때 이제 나에게 말해. 지금은 당신을 정말로 이해할 수 있을 것 같아."

그러자 아내가 말했다.

"남편이 진심으로 제 마음에 공감해주는 것 같아요. 남편이 제 눈을 보고 이야기할 때면, 제 세포 속에 들어 있던 욕이 하나씩 떨어져 나가는 것 같아요. 그렇게 발버둥을 쳐도 떨어지지 않더니, 남편 말이 힘이 센가봐요."

내가 받아들여지고 있다는 느낌, 배우자의 이해는 이토록 큰 힘을 발휘한다. 그런데 이를 모르고 살아가는 부부가 많다. 갈등이 생기면 모른 척하거나 참기만 하거나 이혼을 떠올린다.

갈등은 욕구가 충돌하기 때문에 생긴다. 부부, 부모 자식, 친구, 동료 등 모든 관계에서 갈등은 일어날 수 있다. 그런데 부부라는 우선순위의 관계가 좋으면 하위 단위의 관계에서 생기는 갈등이 줄어든다. 그러므로 부부가 먼저 서로에게 관심을 기울이고 욕구를 채워주는 게 중요하다. 함께 있어주기를 원하거나 주변 사람과의 관계로부터 생긴 고통을 위로받기 원하는 사람에게 맛있는 음식과 비싼 선물만 사주는 것은 소용이 없다. 배우자가 원하는 욕구에 다가가야 갈등이 줄어든다.

부부는 친밀감의 욕구를 채워주는 사이다. 두려울 때도 즐거울 때도 함께하는 관계다. 비가 오나 눈이 오나 함께한다는 혼인서약은 친밀감의 욕구를 잘 반영하는 것이다.

부부의 갈등은 가장 먼저 이 욕구가 무시될 때 벌어진다. 외부에서 일어나는 어떤 상황 때문에 부부가 싸우는 것처럼 보이지만, 사실은 그 상황에서 정서적으로 필요한 것을 서로에게서 공급받지 못하기 때문에 싸움이 벌어진다.

부모마저도 온전한 사랑을 줄 수 없듯이 모든 관계에서 상처는 불가피하다. 그래도 가장 가까운 관계인 배우자에게서 친밀감의 욕구가 충족되면 상처에서 벗어날 수 있다. 그리고 현실적인 많은 문제들도 해결된다. 부부 사이에는 그런 힘이 있다.

요람에서 무덤까지 사랑받고 싶은 이유

친밀감에 관한 욕구는 살아 있는 동안 늘 작동한다. 누군가의 위로와 보살핌을 받지 않으면 인간은 존재의 의미를 잃게 된다.

음식을 먹지 못하거나 잠을 자지 못하면 다른 어떤 것으로도 대체할 수 없듯이 애착대상도 마찬가지다. 힘들고 고달플 때에는 애착대상을 통해 위로를 받아야 비로소 다른 의미 있는 활동을 할 수 있는 여력이 생긴다. 이를 대체할 수 있는 것은 없다. 애착대상과의 관계는 행복한 삶을 유지하는 필수요소다. 그런데 우리는 늘 곁에 있다는 이유로 애착대상을 소홀히 대하는 경우가 많다. 행복한 삶의 필수요소를 우리 스스로 배제하는 것이다.

애착은 자신감의 근원

애착이론을 만든 영국의 정신의학자 보울비John Bowlby는 인간이 생존하기 위해서는 살아 있는 내내, 즉 요람에서 무덤까지 정서적인 유대감이 필요하다고 말했다.

애착이론은 정서와 애착, 애착대상과의 관계에 초점을 둔 성격 발달이론으로, 양육 태도에 일대 혁명을 가져왔다. 애착이론에 따르면 부모의 정서적인 지지는 자녀의 안정된 미래를 보장한다. 인간은 누군가와 친밀한 관계를 맺을 때 정신적, 신체적으로 더 건강해지고 행복감을 느끼기 때문이다.

유타 대학교 심리학과 버트 우치노Bert Uchino 교수는 건강을 유지하고 노화를 방지할 수 있는 가장 강력한 수단은 좋은 '관계'를 맺는 일이라고 했다. 9·11테러 생존자를 조사해봤더니 사랑하는 가족과 안정적으로 살고 있는 사람이 그렇지 못한 사람보다 사고의 충격에서 좀 더 빨리 회복되었다고 한다.

이처럼 애착에 관심이 높아지자 보울비의 애착이론을 부부치료 분야에도 적용하게 되었다. 심리학자 수잔 존슨Susan Johnson은 이를 토대로 부부의 사랑은 곧 배우자와의 건강한 친밀감이라는 '정서중심적 부부치료' 모델을 만들었다.

그의 연구에 따르면 남편과 정서적으로 친밀하고 남편으로부터 위로를 경험하는 전문직 여성은 자신의 능력을 확신했고 업무 목표도 성공적으로 달성할 가능성이 높았다. 남편도 마찬가지로 아내로부터 정서적 지지를 받은 경우 업무 능력뿐만 아니라 임금도 높았다고 한다. 이처럼 어린아이뿐만 아니라 성인도 누군가에게 정서적 지지를 받을 때 비로소 능력을 최대한 발휘하면서 한 인간으로 당당하게 설 수 있다.

애착이 평생을 좌우한다

정서중심적 부부치료 모델은 부부 관계 회복에 어느 접근법보다 효과가 뛰어난 것으로 인정받고 있다. 이 모델을 적용해 상담을 받은 많은 부부가 서로에게 만족감을 느꼈다. 우울과 불안이 사라지고 정신적으로 안정감을 회복했는데 이런 효과는 상담 후에도 오랫동안 지속됐다. 4장에서 더 자세하게 다루겠지만 정서중심적 부부치료 모델이 효과가 뛰어난 이유는 부부 문제의 핵심에 접근하기 때문이다. 구체적인 의사소통 지침을 제시하기보다 '안정적인 애착' 형성을 핵심 과제로 삼는 것이 다른 모델과 가장 큰 차이인데, 실제로 정서적인 애착이 이루어지면 의사소통은 자연스럽게 개선된다.

"이제야 해법의 실마리를 찾았어요. 그동안 남편도 저도 저희 문제를 해결하려고 나름대로 노력을 했어요. 잠깐 좋아진 적도 있지만 그때뿐이었어요. 그런데 남편이 나를 소중하게 여기고 우리 관계가 친밀해지니까 남편에 대한 분노가 서서히 사라지고 말도 곱게 하게 되고 손도 잡게 되더라고요. 그리고 내가 힘들거나 외로울 때, 두려움이 밀려올 때 남편이 나에게 다가와줄 것이라는 확신도 생겼고요. 이제 어떤 어려움이 와도 이겨낼 수 있을 것 같아요. 마음 밑바닥에서 나를 힘들게 했던 외로움이 안개 걷히듯 사라졌어요. 지금 저는 어느 때보다도 행복해요."

부부 사랑의 본질은 애착 결합이다. 인간은 누구와도 대체할 수 없는 소중한 사람에게서 신체적, 정신적 친밀감을 찾고 그 상태를 유지하려고 한다. 스트레스 상황에서는 그 대상을 더 간절히 찾게 된다. 인간의 타고난 본성이다. 서로에 대한 정서적인 친밀감이 사라진다면 배우자에게 선물을 하거나 함께 집안일을 하고 육아를 하고 집안 경제를 위해 열심히 일하는 것도 그 의미가 줄어든다.

죽음을 앞둔 사람은 대부분 가족, 특히 배우자를 찾는다. 삶의 가장 위협이 되는 순간에 소중한 사람이 곁에 있다는 것이 큰 위안이 되기 때문이다. 이처럼 배우자는 험한 세상살이에서 서로에게 가장 힘을 줄 수 있는 소중한 존재다.

참고 사는 게 능사가 아니다

기숙 씨와 창수 씨 부부는 3년 시집살이 후 분가했다. 맞벌이하는 부부를 위해 친정어머니가 5살, 2살 두 아이를 봐주시기로 해 처가 가까이에서 살기로 한 것이다. 기숙 씨는 이사 뒤 예전보다 얼굴이 밝아졌다.

하지만 창수 씨는 불만이었다. 다른 곳으로 이사 가고 싶었다. 처가 가까이로 이사 오면서 직장과 거리가 멀어진 것도, 아내가 처가와 너무 가까이 지내는 것도 불편했다. 자기보다 장모님과 더 많은 것을 나누는 아내에게도 서운했다. 자신의 결혼생활을 누군가 지켜보고 있는 느낌도 들고 자기 부모님 댁은 자주 방문하지 못하는데, 처가 식구가 허구한 날 집에 찾아오는 것도 싫었다.

시댁에 살 때는 기숙 씨가 불만이 많았다면 이제는 남편의 불만이 컸다. 육아 때문에 어쩔 수 없는 선택이었지만 창수 씨는 입주 아주머니를 두더라도 처가에서 떨어져 살고 싶은 마음이 간절했다. 반면 아내 기숙 씨는 자신은 시댁에 들어가서 3년을 살았는데, 육아 때문에 친정과 가까이 지내는 것을 이해해주지 않는 남편이 원망스럽다. 연로해서 손주 육아가 힘든 시부모님 대신 친정어머니가 육아를 맡기로 한 것인데 고마워할 줄 모르는 남편이 괘씸하다. 부부는 시댁에서 살 때도, 친정 가까이 살면서도 갈등을 빚고 있었다.

친밀감이 빠진 부부

"우리 부부가 사이가 좋았다면 부모님께 기대지 않고 어떻게든 남편과 함께 일과 육아를 병행했을지도 몰라요. 가사도우미도 있고 육아도우미도 있잖아요. 친정으로 이사 온 게 육아 때문이라고 하지만 사실 문제의 본질은 남편과 제가 친밀하지 않다는 거예요. 남편이 나를 사랑하고 가장 소중하게 생각한다면 둘이 뭔들 못하고 어디든 못 가겠어요. 시댁에서 살 때 남편은 시부모님 입장에 서서 나를 이해시키려 했고, 지금도 육아로 힘든 마음을 고려해주지 않아요. 남편이 아니라 남의 편이에요. 지금은 힘들면 엄마가 도와주고 위로도 해주니 좀 살 것 같아요. 남편은 전혀 제 편에 서줄 것 같지 않으니 엄마와 떨어져 사는 것이 두려워요."

기숙 씨의 말이다. 반면에 창수 씨는 그 나름대로 할 말이 있다.

"본가에 살 때 저도 아내 눈치 보고 부모님 눈치 보면서 힘들었어요. 어머니와 싸워도 봤지만 문제가 해결되지 않았어요. 부모님이 손주 키워주기도 어렵고, 아내랑도 자꾸 부딪치니 도저히 같이 살 수 없다고 저희더러 나가라고 하신 거예요. 그것도 화가 나요. 기분 좋게 분가한 게 아니니까요. 조금 참으면 될 텐데 뭐든 불만인 아내에게 화가 났어요. 저도 참을 만큼 참았어요. 시댁살이하면서 아내도 힘들어봤으니까 지금 제가 힘든 것을 모르지 않을 텐데 외면하는 아내에게 화가 나요. 아내가 친정 식구에게 우리 문제를 모두 말하는 것 같아서 장인 장모 눈치도 보이구요. 그래서 이제 육아고 뭐고 떠나고 싶어요. 본가 가까이도 싫어요. 저희끼리 살면 좋겠어요. 결혼한 지 10년이 되어가는데, 돌아보니 저희가 행복했던 적이 없었네요. 아직 저는 아내를 사랑하고 이 가정을 깰 생각도 없어요. 저희는 어떻게 해야 할까요?"

이들 부부는 고부 갈등이나 장서 갈등, 육아 문제 등을 이겨낼 수 있는 핵심기제를 찾지 못해 난관에 빠져 있었다.

결혼은 부부의 탄생

결혼을 하면 부부가 하나가 되어야 한다. 그러려면 '정서적 친밀감'이 중요하다. 부부가 한마음으로 가정의 중심이 될 때 시댁, 처가, 육아 문제의 해결책이 보인다. 참고 사는 게 다가 아니다.

그동안 우리에게는 부부가 하나가 되는 방법을 가르쳐주는 사람이 없었다. 부부가 하나가 되어야 한다고 강조하지만 어떻게 해야 하나가 될 수 있는지 몰랐던 것이다. 그래서 참고 사는 게 전부인 줄 알았고, 그래서 문제가 생길 때마다 가정의 중심인 부부가 흔들린 것이다. 핵가족으로 살든, 시댁살이를 하든, 처가살이를 하든, 결혼생활의 핵심을 잡으면 된다. 그것이 바로 부부다.

결혼은 '부부'의 탄생이다. '사위'와 '며느리'의 지위는 부부에서 비롯된 이차적인 것이다. 부부가 부부로서 단단히 서면 시댁과의 갈등이든 처가와의 갈등이든 풀어갈 힘이 생긴다. 시댁 갈등을 해결하려면 남편의 역할이 중요하고 장서 갈등에는 아내의 역할이 중요하기 때문이다. 핵가족은 두말할 필요가 없고 대가족 역시 부부가 바로 서면 복잡한 가정 문제를 쉽게 풀 수 있다. 시댁과 처가의 문제를 부부가 함께 풀어가는 과정에서 문제가 오히려 행복을 만드는 재료가 되기도 한다. 우선 부부 사이가 굳건하면 된다. 처가살이나 시댁살이가 아닌 '부부살이'가 중요하다.

부부가 중심이 되면 처가와 시댁을 긍정적으로 볼 수 있고 배우자 가족을 만나는 것이 크게 어렵지 않게 된다. 육아의 기쁨도 제대로 누릴 수 있다. 싸우려고 결혼한 사람은 없다. 행복한 결혼생활을 위해 이제 우리는 부부살이하는 방법을 배워야 한다.

사랑호르몬을 아시나요?

미국 럿거스 대학교의 헬렌 피셔Helen fisher 교수는 성호르몬인 테스토스테론이나 에스트로겐이 사랑의 첫 단계인 갈망lust 단계에서 성적 욕구를 일으킨다고 말했다.

갈망 단계에서 더 나아가면 사랑에 빠지는 끌림attraction 단계에 진입한다. 이 단계를 지배하는 화학물질은 페닐에틸아민PEA, 엔돌핀, 노르에피네프린, 세로토닌이다. 사랑에 빠지면 신경세포는 페닐에틸아민으로 가득 차 상대에게 홀린 듯 황홀한 경험을 한다. 밤새 마주 앉아 있어도 지칠 줄 모르고 행복감이 넘치며 표정도 밝아진다. 그런데 페닐에틸아민 분비는 그리 오래가지 못한다. 사랑이 안정 단계에 접어들고 관계가 지속되면 엔돌핀이 생성된다. 엔돌핀은 마음을 편안하게 하고 면역력을 높이며 안정감을 준다. 또한 몸 안에서 분비되는 모르핀이라 할 만큼 진통효과가 크다.

마지막 애착attachment 단계에서 연인은 서로 더 강렬하게 밀착되기를 원하게 된다. 그래서 어떤 사람들은 결혼을 한다. 이렇게 사랑에 빠지면 뇌에서 옥시토신과 바소프레신이 분비된다. 과학자들이 대표적인 '사랑의 묘약'으로 부르는 옥시토신은 관계의 결합력을 공고히 하고 애착행동을 증가시킨다. 그래서 '포옹호르몬Cuddling Hormone' 혹은 '일부일처제 유지물질Molecular Of Monogamy'이라고도 불린다. 반면에 남성에게는 바소프레신의 수치가 높은데, 옥시토신과 비슷한 기능을 하는 이 물질은 짝을 보호하기 위해 공격행동을 유발하기도 한다. 성관계할 때 많이 분비되고, 사랑하는 사람과 가까이 있거나 사랑하는 사람을 생각만 해도 소량 분비되는 것으로 밝혀졌다. 바소프레신이 분비되면 상대방에 대한 친근감이 더욱 강해진다. 그런데 사랑호르몬인 페닐에틸아민과 옥시토신의 뇌 수용체 세포는 너무 많은 자극을 받으면 지쳐서 기능을 잃게 된다. 그래서 이 사랑호르몬은 길게 봐서 3년 정도 유지된다는 것이 과학자들의 견해다.

런던칼리지 대학교의 세미르 제키Semir Zeki 교수는 사랑에 빠진 대학생 17명의 뇌 활동을 분석했는데, 이들의 뇌는 마약에 도취한 사람의 뇌처럼 전두피질이 활성화되었다. 미국 국립약물남용연구소 노라 볼코Nora Volkow 박사도 사랑에 빠진 사람이 연인과 헤어지면 슬퍼하고 탄식하는 것이 마약을 끊었을 때 나타나는 반응과 비슷하다고 말한 적이 있다. 미시간 대학교의 로버트 프라이어 교수는 사랑에 빠졌을 때 분비되는 세로토닌이 상대의 결점을 인식하지 못하게 하기 때문에 주변에서 아무리 이야기를 해주어도 소용이 없다고 말한다.

사랑에 관여하는 화학물질인 세로토닌은 공격성을 억제하고 불안감을 완화시켜주는 '안정제' 역할을 한다. 인간의 정서에 지대한 영향을 주어 어릴 때 부모의 사랑을 많이 받은 사람은 세로토닌 수치가 높다. 세로토닌 수치가 높으면 폭력성과 우발적인 행동을 보일 가능성이 낮아진다. 범죄자들을 조사해보면 세로토닌 수치가 대체로 낮게 나온다.

물론 호르몬만으로 사랑의 감정을 모두 설명할 수는 없다. 그러나 분명한 것은 정서적으로 친밀한 사람과 함께 있을 때 좋은 호르몬이 분비되고 이는 자신뿐 아니라 배우자나 자녀에게도 전염된다는 것이다. 어떤 호르몬의 영향 속에서 어떤 인생을 살 것인지는 자명하다. 지금 우울하거나 삶이 불행하다고 여겨진다면 곁에 있는 사람과 어떤 관계를 맺고 있는지 생각해보자.

PART 2

남편이 남의 편이 되는 순간 갈등은 시작된다

부부 갈등은 이유를 찾기 어려울 때가 많다.

시댁 문제, 감정 문제, 양육 문제 등

시작할 때는 분명한 이유가 있었지만,

싸움이 심해지면 왜 싸우게 됐는지 가물가물해지고

배우자에 대한 불만만 남는다.

싸우는 과정에서 원래의 이유는 사라지고

좋지 않은 감정만 남아 서로에게 생채기를 내기 때문이다.

혼자 효도하는 남편은 없다

오늘날 한국의 부부를 이해하려면 우리나라 가정의 역사를 살펴보아야 한다. 우리에게 익숙한 유교에서 비롯된 가부장제의 역사는 그리 오래되지 않았다.

16세기 조선 중기까지만 해도 한국은 개방적인 사회였다. 신분 상승도 가능했고 유교, 불교, 도교가 공존했다. 그러던 것이 조선 후기에 접어들며 유학 특히 주자학만이 남게 되었고, 가부장이 가정을 '지배'하는 것이 당연시되었다.

고구려부터 조선 중기까지는 처가살이도 흔했다. 아들과 딸이 재산을 균등하게 상속 받았고, 제사도 자식들이 돌아가면서 지내는 윤회봉사를 했다고 한다. 즉 남녀의 권리와 의무가 동등했다.

부부싸움은 어제 오늘 일이 아니다

가부장제는 17세기 후반 이후에 급속히 강화되었다. 가부장제는 반만년 우리나라의 역사적 전통이 아니라 유교가 들어서면서 비교적 짧은 기간에 자리 잡은 현상으로, 정창권 고려대학교 초빙교수는《조선의 부부에게 사랑법을 묻다》에서 우리가 생각하는 '권위적인 남편'과 '순종적인 아내'가 우리나라 부부의 전형은 아니라고 했다. 조선 중기 이전까지는 부부가 서로 대등하여 마치 친구 같은 관계였다는 것이다.

조선 중기까지 부부는 자신의 감정을 서로에게 적극적으로 표현했다. 당시 부부싸움의 이유도 요즘과 비슷했다. 조선 중기 오희문의 일기《쇄미록》에는 '1592년 10월 4일, 아침에 아내가 나보고 가사를 돌보지 않는다고 해서 한참 동안 입씨름을 벌였다'는 기록이 있다. 남편의 외도 역시 부부싸움의 이유였다. 이문건의 일기《묵재일기》에는 '1552년 10월 5일, 아내가 지난밤에 있었던 일을 자세히 물어 기녀가 곁에 있었다고 대답하니 크게 화를 내고 욕하고 꾸짖었다. 아침에 이부자리와 베개를 칼로 찢고 불에 태워버렸다. 두 끼니나 밥을 먹지 않고 종일 투기하며 욕하니 지겹다'고 적혀 있다.

이런 부부가 조선 후기에 접어들며 많은 변화를 겪는다. 1623년 인조반정을 계기로 서인이 정권을 장악하면서 문벌가문이 등장했고, 임진왜란과 병자호란을 거치면서 과거제를 남발하여 양반의 수가 급격히 늘어났다. 이 때문에 문벌사회가 도래한다.

이들은 자기 가문의 위세를 유지하기 위해서 완고한 가부장적 유교제도를 적극 수용했다. 결혼의 의미는 '남녀의 좋은 점을 합쳐 위로는 종묘를 받들고 아래로는 후손을 잇는 것'이 되었다. '남녀의 사랑'이라는 의미가 축소되고 '부부 관례'는 중심이 변두리로 사라졌다. 결혼하면 조상을 받들고 아이를 낳아야 했다. 시집살이는 혼인제도의 중요한 부분으로 자리잡고 재산 상속도 아들 중심으로 변했다. 남존여비男尊女卑 의식이 팽배해지고 남녀유별男女有別, 출가외인出嫁外人 등의 이념이 여성들을 억압했다.

우리 역사에서 그리 오래되지 않은 가부장적인 유교제도가 정치적인 권력을 유지하기 위해 강화되었다는 사실이 안타깝다. 그렇게 되지 않았다면 우리나라 가정의 모습은 많이 달라졌을 것이다. 또한 부부가 함께 살아가는 모습과 문제를 푸는 방법이 이렇게까지 경직되지 않았을 것이다.

우리나라의 많은 부부들이 스스로 부부 문제를 풀지 못하는 데에는 가부장적인 유교의 영향을 무시할 수 없다. 유교에는 부부 개념이 희박하다. 엄밀히 말하면 '부부 사랑'의 개념이 없다. 가부장제에서는 부부의 사랑이 필요하지 않기 때문이다.

유교에서 말하는 부부 개념은 현재 가족부부치료 분야에서 말하는 부부 개념과 많이 다르다. 유교에서는 칠거지악七去之惡이라 하여 시부모를 잘 섬기지 않는 것, 아들을 낳지 못하는 것, 부정한 행위, 질투, 심각한 질병, 말이 많은 것, 도둑질 등 아내를 내쫓을 수 있는 '일곱 가지 이혼사유'를 마련해두었다. 시부모를 잘 모시지 못하는 것은 불효를 의미하고, 아들을 낳지 못하는 것은 대를 잇지 못하는 일이며, 부정한 행위는 혈통의 순수성을 파괴하는 일이고, 질투는 축첩제를 방해하며, 질병은 자손 번영에 해로운 것이고, 말이 많은 것은 가족 공동생활의 불화와 이간의 원인이 된다는 것이다.

이혼의 핵심 사유에 성격 차이, 외도 같은 것이 없는 것은 결혼을 남녀의 결합으로 보지 않았다는 방증이다. 반대로 불효가 가장 중요한 이혼 사유인 것은 유교에서는 위계질서가 중요하고 부부보다 부모가 우선이기 때문이었다.

당연히 부부의 감정, 특히 아내의 상처와 고통은 무시되었다. 질병이라도 얻으면 쫓겨나기도 했다. 보살핌이 필요할 때, 그 누구도 아닌 남편의 위로가 필요한 순간에 쫓겨난 것이다. 부부 관계는 이렇듯 사회 제도에 의해 좌지우지되었다. 그저 모든 것이 무탈한 듯 흘러가려면 벙어리 삼 년, 귀머거리 삼 년이라는 말처럼 아내가 자신의 존재를 지우고 없는 존재인 양 시댁살이를 해야 했다.

당시 남편과 아내가 이렇듯 심각한 불평등의 굴레 속에 살아야 했던 것은 유교에서 인간관계의 기본덕목으로 '삼강' 즉 군위신강君爲臣綱, 부위자강父爲子綱, 부위부강夫爲婦綱 만을 강조했기 때문이다. 이는 유교 전통의 인간관계 덕목인 주종적 상하관계를 강조한 원리로, 사회의 기강 확립을 꾀하려는 성격이 강하다. 나라에 충신, 가정에는 효자, 남녀 간에는 열녀일 것을 강조하지만 '개인'과 '부부'가 어떠해야 한다는 내용은 없다. 개인의 정체성은 효도의 관점에서 정의되었다. '부부'에 대한 개념이 약하다보니 결혼을 해도 '남편과 아내'라는 정체성이 희박했다. 효도를 하기 위해서는 결혼 후에도 '남편'보다 '아들', '아내'보다 '며느리'여야 했던 것이다. '부부'로서의 정체성을 세우기보다 '부모와의 관계'로 규정지어진 자신의 결혼 전 정체성을 유지해야 했던 것이다. 심지어 자녀도 '손자'와 '손녀'의 정체성이 우선이었다.

즉 누가 '남편, 아내를 잘 만났다'는 말보다 누구네 '며느리, 사위 잘

들였다'는 말이, 누구네 '아들, 딸이 태어났다', '손자, 손녀가 태어났다'는 말이 훨씬 자연스러웠다. 부모와 연관된 정체성이 강조되었고 부부의 존재는 뒤로 빠졌다.

이런 전통이 아직까지 한국 가정에 영향을 주고 있다. 부부보다 부모 특히 시댁을 먼저 챙겨야 한다는 강박관념은 부부 간 애착형성에 방해가 된다. 아내는 남편의 부모 즉 시부모를 모시려고 결혼한 것이 아니다. 효도를 하고 대를 잇기 위해서 결혼한다는 생각은 이 시대에 전혀 맞지 않다.

요즘 젊은 부부 사이에 각자 부모님께만 효도하자는 '효도는 셀프'라는 말이 유행이라고 하는데 이것도 권장할 만한 해결책은 아니다. 바람직하지 않은 걸 알면서도 보고 배운 대로 하려거나 다른 사람이 하는 대로 하려는 안일한 태도는 버려야 한다. 가장 먼저 해야 할 일은 부부가 가정의 중심이 되는 것이다.

결혼은 우선순위를 옮기는 것

가부장적인 태도를 버리고 부부 중심으로 회복되는 가정이 점점 늘고 있다. 덕분에 자녀와도 친밀감을 회복했다는 사람들도 많이 늘었다. 서로를 힘들고 외롭게 했던 강압적인 가부장이 아니라 아내와 자녀와 희로애락을 나누며 친밀한 관계를 만드는 가장이라면 누가 거부하겠는가. 결혼생활의 우선순위를 정확하게 인식한다면 누구나 환영받는 남편과 아버지가 될 수 있다.

결혼은 한마디로 부모에게서 배우자에게로 애착대상이 옮겨지는 과정이다. 결혼식에서 신부가 아버지의 손을 잡고 걷다가 남편의 손을 잡는 과정이 있다. 이는 애착대상을 부모에게서 남편에게로 옮기는 것을 상징한다.

이것은 남편도 마찬가지여야 한다. 결혼 전의 애착대상이었던 부모를 떠나 아내와 애착을 형성해야 한다. 그렇게 될 때 비로소 부모와 자녀, 배우자의 친인척 등 후순위의 관계에 편안하게 대처할 수 있는 힘이 생긴다. 우선순위가 잘못 설정되면 여러 관계에 문제가 생긴다. 그래서 결혼하면 무엇보다 부부 관계가 좋아야 한다. 애착대상의 우선순위가 배우자에게 있기 때문이다.

부부의 관계가 좋을 때 부모와의 관계도 좋아질 수 있고 자녀 양육도 더 건강하게 잘할 수 있다. 우선순위의 관계가 회복되면 후순위의 관계를 보살피기는 수월하다. 아내가 고우면 처갓집 말뚝보고 절한다는 말이 있다. 마찬가지다. 남편이 좋으면 시댁 방문도 덜 힘들다.

남편이 좋으면 시댁에 절을 한다

부부는 결혼 후 서울에서 생활하다가 부모의 가업을 물려받기 위해 남편의 고향인 대구로 이사하면서부터 갈등을 겪기 시작했다.

시댁은 전통적인 가부장적인 분위기의 집안이었다. 시부모는 부부의 집을 자주 찾아왔고, 간섭도 심했다. 살림을 못하고 게으르다고 며느리를 타박했다. 연락도 없이 불쑥 찾아와서 며느리가 놀란 표정을 지으면 "부모가 아들 집에 오면서 꼭 연락하고 와야 하느냐"며 화를 냈다. 부모님 앞에서 표정 관리 좀 하라고 남편은 한 술 더 떴다. 아내가 시댁에 가지 않겠다고 말하면 남편은 맏며느리가 시댁에 안 가면 어떻게 하느냐고 화를 냈다. 며느리로서 당연히 해야 하는 일을 거부하는 아내를 남편은 이해할 수 없었다.

아는 사람도 없는 타지에서 완전히 다른 사람이 된 듯한 남편도 서운했고, 가까이 있는 시댁과의 접촉도 피할 수 없어 아내는 점점 우울해졌다. 더 이상 참을 수 없어 이혼하자고 했을 때도 남편은 "쓸데없는 생각 하지 마. 내 인생에 절대로 이혼은 없어. 우리 부모님도 원치 않으셔"라며 아내를 타박했다. 아내의 우울증은 더 심각해졌다. 그러다 가사와 육아까지 제대로 할 수 없게 되자 아내가 결국 상담을 원했고, 남편도 아내의 문제를 따지고자 상담에 응했다.

부부에게는 고부 갈등이 가장 큰 문제였다. 부부 관계가 좋아지면 부모님과의 관계가 좀 더 쉬울 수 있으니 남편에게 먼저 아내 편을 들어주고 아내의 마음을 이해해주라고 했다. 하지만 남편은 그 말을 이해하지 못했다. 부모는 천륜인데 어떻게 저버릴 수 있느냐며 힘들어했다. 부부가 가까워지라는 것이지 부모를 저버리라는 뜻이 아닌데도 남편의 뿌리 깊은 선입견을 바꾸기는 어려웠다. 남편에게는 분노와 두려움이 공존하고 있었다.

상담 중 시어머니의 생일이 다가왔다. 생일은 주중이었는데 남편이 중요한 미팅이 있어서 일요일에 미리 가족들과 함께 식사를 했다. 그날 시어머니는 며느리에게 오늘 생일잔치를 했으니 생일날에는 신경 쓰지 않아도 된다고 했다. 하지만 시어머니의 생일날이 되자 며느리는 초조해졌다. 아무것도 하지 않았다가는 과거 경험상 야단을 맞을 것 같았다. 가만히 있을 수 없어서 몇 가지 음식을 만들어 시어머니에게 전화를 했다. 그런데 시어머니의 불호령이 떨어졌다. "너 시어머니 말을 허투루 듣냐? 내가 준비하지 말라고 했는데 내 말을 무시하는 거니?"라며 몹시 심하게 화를 냈다. 음식을 하든 하지 않든 야단을 맞게 되어 있었던 것이다.

그날 퇴근한 남편이 울고 있는 아내를 봤다. 무슨 일이 있었는지 파악한 남편이 시어머니와 관련된 일에 처음으로 아내를 위로했다.

"어머니 왜 그러신대? 며느리가 정성스럽게 마련했으면 그냥 드시면 되지. 여보, 우리가 맛있게 먹자. 당신 수고했어. 어머니 생일에 이렇게 준비해줘서 고마워."

이날 이후 부부 관계는 크게 진전되었다. 남편이 자신을 이해해준다는 느낌을 받으면서 아내는 정서적으로 매우 안정되어 갔다. 부부 관계도 좋아지고 시부모님도 예전만큼 부담스럽지 않다고 했다.

결혼은 우선순위를 옮기는 과정

이처럼 우선순위의 애착대상이 자신의 존재를 인정해주면 주변 관계에서 생기는 문제는 자연스럽게 풀리기도 한다. 존재를 인정한다는 것은 현재의 모습뿐 아니라 과거의 상처도 껴안는 것이다.

구조주의적 가족치료 모델을 만든 살바도르 미누친Salvador Minuchin은 가정에는 부부, 부모자녀, 형제자매, 손자, 친척, 고부, 장서 등 많은 관계가 있는데, 그 관계가 나머지 관계에 미치는 영향력에 따라 서열을 매길 수 있으며 우선순위의 관계가 안정되면 하위 관계도 안정될 수 있다고 했다. 그는 가정에서 가장 우선되어야 할 관계는 부부 관계임을 강조한다. 부부 관계가 안정되면 부모 자녀, 형제자매, 고부, 장서 등의 관계를 쉽게 풀 수 있다는 것이다. 다른 모든 관계가 두 사람이 부부가 되면서 생긴 관계이기 때문이다.

남편과 아내가 서로 비난하면서 부부로서 제 기능을 발휘하지 못하면 그 하위관계도 어려워진다. 남편이 '남의 편'이 되는 순간 부부는 멀어진다. 아내가 '안 해'가 되는 순간 갈등은 심해진다. 가정의 시작과 끝은 부부다.

살다보면 부모님이 돌아가시기도 하고, 자녀가 결혼해서 자기 가정을 만들어나가기도 한다. 이럴 때 부부가 합심하지 못하면 그렇게 원하는 효도도, 부모 노릇도 제대로 해내기 어렵다. 부부가 가정의 엔진이다. 엔진이 잘 돌아갈 때 가정이라는 자동차도 함께 잘 움직일 수 있다.

부부 갈등에도 단계가 있다

갈등은 그대로 두면 언젠가는 터지게 되어 있다. 부부 갈등도 마찬가지다. 갈등이 생긴다고 해서 바로 한순간에 폭발하는 것이 아니다. 지진처럼 전조증상이 있고 그때마다 애착대상이 어떻게 반응하느냐에 따라 양상이 달라진다. 그 단계는 다음과 같이 나눌 수 있다.

부부 갈등 1단계 : 분노

갈등이 폭발하기 전에 보이는 첫 번째 증상은 '분노'다. 어린아이는 기저귀가 축축한데도 부모가 갈아주지 않으면 분노한다. 그리고 울음을 터트린다. 내가 힘들 때 애착대상이 달래주지 않는 것에 분노해서 터트리는 울음은 건강한 것이다. 만약 기저귀가 젖어 있고 배가 고픈데도 아무런 티도 내지 않고 생글생글 웃기만 한다면 어떻게 될까?

부부도 마찬가지다. 배우자가 화를 내면 '내가 옆에 있으니 안심해도 된다'는 신호를 보내 상대를 안심시켜야 한다. 배우자에게서 신호가 오지 않거나 부적절한 신호가 오면 분노한 당사자는 즉각적이고 공격적으로 반응하게 된다.

"저는 원래 소심하고 얌전한 성격인데, 지금은 안 그래요. 남편이 제 마음을 몰라주거나 무시하면 갑자기 화가 나고 주체하기가 힘들어요. 욕이 튀어나오고 목소리가 커져요."

남편은 남편대로 할 말이 있다.

"저는 웬만해서는 화를 내는 사람이 아니에요. 내 속을 다 뒤집어 보여줄 수도 없고, 사사건건 의심하고 우울하다고 하는데, 들어주는 데도 한계가 있어요. 아내가 저를 믿어주지 않고 따지고 들면 저도 바로 화가 나요."

남자는 이성적이고 여자는 감정적이라고들 한다. 하지만 애착대상이 자신이 원하는 것을 주지 않으면 남자나 여자나 분노한다. 자연스럽고 건강한 반응이다. 남자가 더 이성적으로 보이는 것은 분노를 표현하는 방식의 차이 때문이다. 즉 남자는 입을 닫고 침묵으로 화를 내고 여자는 입을 열고 화를 표현하는 경우가 많다.

인간은 애착대상이 자신의 욕구를 충족시켜주지 않으면 분노하게 된다. 비극은 자신의 욕구가 먼저 채워지고 자신이 먼저 위로 받기를 원하면서 시작된다. 그러다보면 배우자의 신호도 무시하게 되고 서로가 서로의 욕구를 충족시키지 못하게 되어 서로에게 실망하고 화를 내는 정도가 커져간다. 갈등은 다음 단계로 심화된다.

부부 갈등 2단계 : 찾고 매달리기

애착대상이 욕구를 충족시켜주지 않을 때 나타나는 두 번째 반응은 '찾고 매달리기'다. 화를 내봐도 애착대상이 계속 거부하면 찾고 매달리는 단계에 이른다. 끊임없이 애착대상을 찾고 애착대상이 자신을 사랑하고 있는지 확인하려 한다. 예를 들어 부모에게 충분한 사랑을 받고 있다고 느끼지 못하는 아이일수록 부모와 떨어질 때 더 극렬하게 반응한다. 부모가 자신을 버리고 가버릴지 모른다는 두려움에 휩싸이는 것이다. 이를 '분리불안'이라고 한다.

부부 간에도 마찬가지다. 화를 내도 해결되지 않으면 찾고 매달리기 단계에 빠진다. 분리불안이 생기는 것이다. 이런 상황이 되면 아내가 남편에게 묻는다.

"당신 나 사랑해?"

"당신 내 편이야?"

"어머님과 내가 물에 빠지면 누구를 먼저 구할 거야?"

남편이 내 편인지 자신이 없으면 이런 질문들로 그 마음을 확인받고 싶어진다. 남자들은 아내가 말도 안 되는 질문을 하고 있다고 느낀다. 하지만 남편의 생각과는 달리 아내에게는 매우 중요한 문제다. 남편에게 사랑받는다는 느낌을 받지 못하면 시어머니만 물에 빠뜨리는 것이 아니다. 남편이 딸에게 잘해줘도 서운하고 질투가 난다. 남편이 하는 일이 잘 풀려도 기분이 좋지 않다.

아내가 시어머니와 자기 중에 누가 소중하냐고 물으면 남편은 답답해진다. 말이 안 되는 비교를 하고 있다고 생각한다. 남편에게는 어머니도, 아내도 모두 중요하다. 아내가 회사 간부하고 자기 중에 더 누가 중요하냐고 할 때는 미쳐버릴 것 같다. 이렇게 유치한 사람하고 어떻게 살아가나 답답함이 밀려온다. 대답을 하지 않으면 이제는 아예 사업을 그만 두라고 한다. 이게 뭔가 싶다. 남편은 도저히 아내를 이해할 수가 없다.

남자들은 감정에 익숙하지 않아서 아내가 감정에 대해 이야기하면 골치가 아파온다. 그러면서 자신이 인정받고 있는지에 대해 예민해진다. 그래서 주로 자신이 노력한 행동에 대해 말한다. 아내에게 다가가서 마음을 달래주기보다는 행동으로 보여주려 하는 것이다. 남자들이 많이 하는 말이 있다.

"나 열심히 일하고 있잖아."

"회사 그만 두라는 이야기야?"

"그럴 거면 우리 부모님한테 아무것도 하지 마."

남자의 이런 말은 행동과 관련이 있다. 남자들은 늘 자신이 뭔가를 하고 있음을 강조한다. 남편에게는 일을 하는 것이 곧 가족을 사랑하는 것이다. 남편은 아내가 자신이 이룬 일을 인정해주기를 바란다. 그리고 자기가 한 행동을 아내가 좋게 말해주면 아내에게 다가갈 용기를 내기도 한다.

아내는 남편이 자신의 편이 아니라고 느낄 때, 남편은 아내가 자신을 인정해주지 않을 때 결정적인 말을 서로 주고받는다.

"내가 돈 버는 기계냐?"

"내가 이 집 파출부냐?"

냉정하게 말하면 정서적 소통이 없는 남편과 아내가 돈 버는 기계와 파출부로 전락하는 것은 당연하다. 남편이 아내의 편이 되어주지 않고 아내가 남편을 인정해주지 않는 상황이 지속되면 자신과 배우자가 하는 모든 말과 행동, 일이 점점 하찮게 보인다.

부부 갈등 3단계 : 우울과 절망

애착대상이 욕구를 충족시켜주지 않을 때 나타나는 반응의 세 번째 단계는 '우울과 절망'이다. 애착적으로 소중한 사람의 행동은 어떤 행동이든 간에 커다란 감정 반응을 일으킨다. 특히 애착대상과 친밀해지거나 멀어지는 과정에서 생기는 감정은 매우 강렬하다. 그 무엇과도 비교할 수 없는 행복을 경험하기도 하고, 세상이 무너지는 절망과 실의에 빠지기도 한다. 애착대상에게서 원하는 반응 즉 정서적 인정과 지지를 받지 못하면 무력감에 빠진다. 부모의 사랑을 받지 못한 아이들은 신체적인 성장도 멈추고 정신적으로 우울해지기도 한다. 이를 '의존성 우울증'이라 부른다.

부부도 마찬가지다. 배우자가 멀어지면 화를 내기도 하고 배우자에게 매달린다. 그렇게 해도 반응이 없으면 우울감에 빠져든다. 감정이 상대적으로 더 풍부한 아내가 우울감을 더 많이 호소한다. 상담 받으러 온 거의 대부분의 아내들이 아파트에서 뛰어내리고 싶을 정도로 우울하다고 말한다. 물론 남편 중에도 차를 몰다가 전봇대를 받아버리고 싶을 때가 한두 번이 아니라는 사람들이 적지 않다.

우울증은 우울한 감정을 아무도 알아주지 않을 때 생기는 것이다. 특히 애착대상이 나를 무시하면 우울감은 절망으로 치닫는다. 세상에 아무도 없는 것 같고 사막에 혼자 서 있는 느낌이 든다. 실패감이 밀려오고 자신이 살아온 삶이 허무하게 느껴진다. 친구를 만나고 싶지도 않고 취미생활도 힘들다. 자녀마저 점점 눈에 들어오지 않는다.

부부 갈등 4단계 : 분리

울어도 보고, 화도 내보고, 절망감에 빠져 있어도 손을 내밀지 않는 애착대상에게 보이는 마지막 반응은 '분리'다. 내게 너무나 소중한 사람이 나를 계속 무시하는 상태를 두고 보는 것은 큰 상처가 된다. 상처받지 않기 위한 선택이 바로 '애착욕구를 없애는 것'이다. 기대를 접어버리고 애착대상에게서 물러난다. 각 방을 쓰기도 하고 별거를 하기도 한다. 상처받을 여지를 아예 없애려는 것이다.

하지만 분리는 결코 해결책이 될 수 없다. 부부의 문제는 부부가 서로에게 다가가지 않고서는 해결되지 않는다. '애착'을 회복하는 것이 거의 유일한 해결책이다. 분리는 잠시 문제를 언급하지 않는 것일 뿐,

마음속의 고통은 오히려 점점 더 커져간다. 부부의 유대감이 살아나야 다른 모든 것의 의미가 살아난다. 돈도, 자녀도, 부모도, 하는 일도, 취미도 그때야 의미가 있다.

남편과 아내라는 '관계'를 무시하고 조건을 우선시하여 화려하게 시작된 결혼은 그래서 그만큼 위험할 수 있다. 조건들이 전혀 중요하지 않다는 것이 아니라 그것이 남편과 아내의 자리를 대신할 수 없다는 것이다.

결혼의 본질은 남편과 아내가 함께 걸어가는 것이다. 분리 단계에 이르면 이 본질을 버리고 싶어지는데, 이 단계에서도 서로에게 용기 내어 다가가면 부부 관계는 서서히 회복된다. 이혼을 앞두고 법원의 권유로 상담을 하러 온 부부가 회복되기도 하고, 외도 등 큰 상처로 절망에 빠졌던 부부가 회복되기도 한다. 이혼만이 답이라고 생각했던 부부가 서서히 서로를 이해하고 놓아버리고 싶었던 손을 다시 잡기도 한다.

언제나 문제는 부정적인 대화방식이다

남편 기유 씨는 아내 희선 씨의 공격적인 태도에 마음이 무겁다. 아내는 사소한 자극에도 폭발한다. 심지어 며칠 전에는 TV를 넘어뜨려 부숴버렸다. 기유 씨는 회식도 전혀 즐겁지가 않다. 회식이 길어지면 아내가 여지없이 계속 전화를 하고 받지 않으면 쉴 새 없이 문자를 날리기 때문이다. 기유 씨는 결국 전화기를 꺼버린다. 집에 가면 전쟁이 벌어질 것이 뻔하지만 아내가 화를 내고 있는 지금 당장의 상황이라도 피하고 싶다. 화만 내고 비난과 공격을 일삼는 아내를 생각하면 골치가 아프다.

아내 희선 씨의 심정은 어떤가? 이야기 좀 하자고 하여 겨우 자리에

앉혔지만 대화는 진행이 되지 않는다. 남편은 늘 그만하라고 말하거나 귀를 막고 눈을 감은 채 자신을 대한다. 그럴 때마다 화가 치밀어오른다. 며칠 전에는 임신 문제로 병원에 가야 한다고 말하고 있는데 남편의 시선이 TV로 향하자 희선 씨는 피가 역류하는 느낌이 들었다. 그래서 순간적으로 장식장 위에 있는 TV를 바닥에 팽개쳐버렸다. 함께 있을 때 자신을 거부하는 남편이 싫다.

부부 사이에 갈등이 심해지면 부부는 경직된 방식으로 서로 의사소통을 하게 된다. 공격을 하거나 침묵을 택한다. 더 이상 희로애락의 다양한 감정을 표현하지 않는다. 배우자가 자신의 감정을 받아줄 것이라는 확신이 없기 때문에 경직된 반응만 하는 것이다. 이와 같은 부부의 부정적인 대화방식은 세 가지로 정리해볼 수 있다.

부정적인 대화방식 첫 번째: 공격 vs 공격

첫 번째 부정적인 대화의 방식은 '공격 vs 공격 형' 혹은 '나쁜 사람 찾기'라고도 하는데, 두 사람이 서로를 공격하는 것이다. 이런 부부는 배우자가 얼마나 나쁜 사람인지 증명해줄 증거목록들을 꿰고 있다. 그 동안 함께 살아오면서 느꼈던 부정적인 감정의 원인이 배우자의 못된 행동, 말, 성격 때문이라는 증거를 얼마든지 댈 수 있다. 그래서 부부 관계에 문제가 생기면 배우자를 탓하고 배우자의 잘못을 폭로하기 바쁘다. 상담 과정에서도 자신의 배우자가 얼마나 못된 사람인지를 증명하기 위해 서로를 비방한다. 배우자가 나쁜 사람임을 증명해줄 목록 나열하기 경쟁을 펼치는 것이다. '공격 vs 공격 형' 대화 방식은 오래가지 못한다. 얼마 후 다른 유형으로 넘어간다.

부정적인 대화방식 두 번째: 공격 vs 회피

두 번째 부정적인 대화방식은 한 사람은 공격하고 한 사람은 도망가는 '공격 vs 회피 형'이다. 대화를 피하는 것은 배우자에게 인정받지 못한 배우자가 소극적으로 항의하는 것이다. 그래서 이런 태도를 '항의하기'라고도 부른다. 위에 언급한 기유 씨와 희선 씨의 대화방식이 바로 여기에 해당한다.

아내는 도망가는 남편을 그냥 내버려두면 부부 관계가 끝나버릴 것만 같다. 그래서 외롭고 화가 난다. 무미건조하게 사는 것보다는 당장 아프더라도 고통을 드러내는 것이 좋다고 생각한다. 그래서 "이야기 좀 해!"라고 말할 수밖에 없다. 아내는 부부 관계의 회복을 위해서 고함치기 시작한다.

한편 회피하는 남편은 평화롭게 살고 싶다. 아내가 저렇게 사소한 일에도 화를 내니 평화를 유지하기 위해서는 자신만이라도 입을 닫아야 한다고 생각한다. 이야기 좀 하자며 달려드는 배우자가 부담스럽기만 하다. 아내가 대화를 하려는 게 아니라 싸움을 거는 것 같다. 그래서 싸움을 거는 아내가 문제라고 생각한다. 아내는 싸워서라도 관계를 회복하고 싶어 하고, 남편은 평화로운 관계를 원한다며 침묵을 택한다. 대화하는 방식만 바꾸어도 평화로운 관계가 될 텐데, 그 방법을 몰라서 서로 상처를 준다. 부부는 점차 외로워지고 지쳐간다.

부정적인 대화방식 세 번째: 회피 vs 회피

부정적인 대화의 마지막 유형은 두 사람 모두 서로를 회피하는 '회피 vs 회피 형'이다. 이런 대화법을 구사하는 부부는 서로 투명인간처럼 살아간다. 서로에 대한 기대는 접은 지 오래다. 일상적인 대화는 하지만 속 깊은 대화 없이 각자 독립된 공간을 차지한다. 집안은 조용하고 남들 앞에서는 문제없는 부부이다. 하지만 부부가 한 집에 살면서 서로 무관심하게 살아갈 수 있을까? 불가능하다.

아내는 텔레비전을 보면서 소파에 드러누워 있는 남편이 한심하기 짝이 없다. 남편은 아내가 설거지할 때 그릇 부딪히는 소리가 거슬리고 화가 난다. 하지만 두 사람 모두 표현하지 않고 삭인다. 이런 부부가 가장 고통스럽다. 서로 말을 하지 않으니 딱히 부딪칠 일이 없어 갈등이 크게 부각되지 않지만 매사가 괴롭고 힘들다. 평화를 가장한 분노가 집 안에 가득하다. 한 공간에 조용히, 소리 나지 않게 공존하려니 티 나지 않게 상대의 움직임을 파악해야 한다. 서로를 자극하지 않기 위해 배우자의 행동, 움직임, 하는 말 하나하나에 예민해질 수밖에 없는 것이다. 부부는 그렇게 속으로 멍들어간다.

세 가지 유형 중 어떤 대화방식도 바람직하지 않다. 그런데 놀라운 것은 부정적인 대화방식이 사실은 내 편이 되어줄 것을 요구하는, 일종의 항의라는 점이다. 정말로 상대가 싫고 미워서 상처를 주려는 것이 아니다. 공격도 회피도 인정받고 사랑받기 위한 몸부림이다.

정서적 친밀감이 떨어지면 싸움이 심해진다. 지금 투쟁 중인 부부는 배우자에 대한 분노, 나를 향한 배우자의 분노 뒤에 친밀감에 대한 욕구가 숨어 있다는 것을 알아차리기 어렵다. 나 자신의 감정을 잘 모르기도 하고, 배우자가 자신을 싫어하고 무시해서 공격하고 피하는 것처럼 느껴지기 때문이다.

부부가 불화에서 벗어나려면 바람직한 방식으로 대화해야 한다. 자신이 왜 배우자를 공격하거나 회피하고 있는지 알아야 한다. 그래야 배우자에 대한 분노도 줄어들고 도망가는 회피 행동도 멈출 수 있다. 부부가 갈등을 빚는다고 해서 배우자가 적은 아니다. 부부 공공의 적은 '부정적인 대화방식'이다. 이 사실을 정확히 알아야 부부의 불화를 풀 수 있다.

밖에서만 잘하고 안에서는 침묵하는 남편

"남편은 결혼 후에도 당구, 술, 동창 등 결혼 전에 누리던 모든 취미와 관계를 하나도 포기하지 않으려 해요. 저는 결혼 전에 혼자서 누리던 많은 부분을 포기하고 남편과 함께 이룬 가정을 늘 먼저 생각해요. 가정이 행복하지 않은데 다른 것들이 무슨 의미가 있겠어요? 남편은 바깥으로만 돌며 아내인 저를 쳐다보지도 않아요. 아이들 때문에 진창에서 빠져나오려 안간힘을 쓰고 있지만 돌아오는 것이 없으니 지쳐갑니다. 부부 관계에 마음을 쓰지 않는 남편이 저에게는 무생물처럼 느껴져요. 사랑과 존경이요? 무생물에게 어떻게 사랑과 존경의 마음이 생기겠어요?"

호의가 계속되면 당연한 줄 안다

남편이 결혼하고도 밖으로만 도는 것이 부부싸움의 원인이라고 말하는 아내들이 꽤 많다. 앞서도 이야기했지만 관계에는 우선순위가 있다. 과거에는 결혼 후에도 부모와의 관계가 우선순위였다. 부부는 부모와의 관계를 받쳐주는 후순위 관계였다.

또한 다른 어떤 일보다 남자가 하는 일이 우선이었다. 외도, 술자리, 취미 등도 일을 위한 것이라며 당연시했고, 이런 인식 위에 술과 접대 문화가 횡행했다. 돈을 버는 이외의 다른 모든 일은 평가절하하고 육아를 포함한 집안일은 모두 아내의 몫이자 책임으로 돌렸다. 이러한 가부장적 사고는 짧은 시간에 우리 민족 내면 깊숙이 스며들어 지금도 영향을 미치고 있다.

가정에는 출근, 가사, 육아, 효도, 치료, 가족 행사 등 여러 일들이 한꺼번에 진행된다. 가정 일에도 우선 처리해야 할 일이 있다. 그 우선순위는 시기와 상황에 따라서 바뀔 수 있다. 자녀가 아프거나 아내가 우울해 할 때는 다른 일은 잠시 후순위로 미뤄놓고 자녀와 아내에게 가족이 함께 집중해야 한다. 이렇게 장단기적으로 시급한 문제를 먼저 해결해주어야 가정이 온전히 돌아간다.

과거의 남편들은 직장과 친구를 우선시하면서 가정을 내팽개치는 경우가 많았다. 두 가지가 함께 갈 수 있다는 사실을 모르고 있었다. 이런 상황이 되면 보통 처음에는 아내도 남편을 이해해보려고 애쓴다. 나가서 시간을 보내라고 배려해주기도 한다. 그런데 호의가 계속되면 자신이 당연히 받아야 할 권리처럼 구는 사람들이 있다. 자신이 희생을 감수하고 배려해주는 것인데 받는 쪽에서 이를 당연하게 여기면 호의를 베푼 사람은 상실감이 생기고 자괴감이 든다. 우선순위를 팽개치고 후순위 일만 중요시하면 부부 관계는 틀어질 수밖에 없는데, 아직도 이 사실을 모르는 남편이 많다.

바깥일만 중요시하는 남편도 문제지만 밖에서만 잘하고 집에 오면 냉랭하게 침묵만 하는 남편도 문제다.

감정을 표현하기만 해도 관계가 달라진다

남편은 무뚝뚝하고 자기 감정을 표현하지 않았다. 상담 내내 웃기만 하는 후덕하고 좋은 사람이었다. 35년 가까이 간판 제작을 묵묵히 하면서 능력도 인정받아서 사업도 잘 일구었다.

감수성이 예민한 아내는 언어 표현이 다양하고 정서 기복이 있었다. 남편을 사랑하지만 속을 알 수 없어서 답답하다고 했다. 사업상 받을

돈이 있어도 아무 말도 못하고 늘 아내보고 이해하라고 한다. 남편은 그 사람도 사정이 있어서 그러는데 아내가 예민하다고 핀잔을 준다. 남편은 주말에도 거의 거르지 않고 일을 해서 가족이 다 함께 여행을 한 적이 없다.

아내는 바쁘고 성실하게 살아가는 남편에게 고마운 마음은 있지만 늘 외롭고 속빈 강정 같았다. 한편으로는 두 딸과 자신은 대화도 많이 하고 행복한데 그것을 누리지 못하는 남편이 안쓰러웠다. 아내는 이 행복을 남편이 함께했으면 좋겠다는 심정으로 상담을 신청했다.

늘 다른 사람의 입장을 생각하는 남편, 하지만 두 딸과 아내의 입장은 그 속에 없었다. 집안에서는 늘 입을 닫고 회피하는 남편이지만 밖에서는 누구에게나 호인이었다. 모임에 가면 사람들은 남편을 좋게 평가했고, 아내가 너무 예민하게 반응하는 것이라고 했다. 그래서 아내는 남편 친구와의 모임도 함께 가기 싫어졌다. 밖에서만 호인인 남편은 두 얼굴을 가진 사람처럼 집에만 들어오면 무표정한 얼굴을 했다. 아내는 남편의 어떤 감정 표현이라도 듣고 싶었다.

"이번 설날에 화가 나서 시댁에 가지 않겠다고 했어요. 그랬더니 남편이 나에게 화를 내는데 한편으로 두려웠지만 또 한편으로는 시원하고 좋았어요. 과거 둘만 있을 때는 아무 말도 없다가 시댁 식구들 앞에서 화를 내서 마음에 큰 상처를 받은 적이 있어요. 시댁 식구들 앞에서 자기 체면 때문에 나에게 화를 내니, 남편에게는 나보다 시댁 식구들이 훨씬 중요하다는 느낌이 들었어요. 둘이 있을 때 화를 내니까 저에게 감정을 표현하고 저와 문제를 해결하려는 것 같아서 남편에게 제가 의미 있는 사람이라는 느낌이 들었어요. 남편하고 감정이 풀리고 제가 남편에게 의미가 있다는 생각이 드니 시댁에서 일하는 게 전혀 힘들지 않아요. 남편이 좋아하는 일을 하는 게 억울하지 않아요."

아내의 말을 듣고 있던 남편이 웃으면서 말했다.

"제가 행복한 사람이라는 생각이 들어요. 이제부터라도 제 마음을 아내에게 표현해야겠어요. 저희 아버지도 동네에서 좋은 사람이라는 말을 들었는데, 집에서는 늘 표정이 굳어 있었어요. 저는 밝은 얼굴은 밖에서 하는 것이고 집에서는 점잖게 있는 것이 좋다고 생각했어요. 가족 앞에서 무게를 잡는 것을 당연히 생각했어요. 아내가 정말 저를 좋아하고 있다는 것을 방금 다시 느꼈어요. 본가에 가기만 하면 무표정하게 있는 아내를 보면서 화가 났는데 아내 말처럼 다른 사람들 앞에서 제 체면만 앞세운 것 같아요. 아내가 제 체면을 세워주지 못한다고 생각했지 아내가 어떤 마음일지는 전혀 고려하지 못했네요. 요즘 사실 아내하고 관계가 회복되면서 행복할 때가 많았어요. 그런데 그 마음을 표현하기 어색했어요. 약해보일까봐서요."

약해 보일까봐 걱정하는 것도 가부장제의 잔재일 수 있다. 가정을 책임져야 하는 가장이 조금이라도 약한 모습을 보이면 가족들이 불안해할 수 있으니 아예 모든 감정 표현을 하지 않는 것이다. 그러나 이런 방법은 자신은 물론 부부를 멍들게 한다. 표현은 그 자체로 소통의 시작이기 때문이다.

부부 간의 정서적 소통은 다가가서 말도 꺼내지 못했던 어려운 문제들을 드러나게 해주고 부부 관계를 아름답게 만들어준다. 이 사람과 평생 함께 살아갈 수 있겠다는 희망을 준다. 부부가 서로 고통스러워하는 것은 문제를 풀 능력이 없어서가 아니다. 부부의 정서적 불통이 문제에 접근하지 못하게 막아버리기 때문이다. 남편도 아내도 억울함과 분노에 갇힌 채 뫼비우스의 띠 위에서 무한반복으로 전쟁을 벌이는 것이다. 이 무한반복의 고리를 끊는 열쇠가 바로 정서적 유대감이다. 정서적 유대감은 삶을 풍성하게 만들고 인생을 향기롭게 한다.

남편과 아내는 부부다. 시댁, 처가, 일, 자녀 문제 등을 부부의 관점에서 함께 풀어야 한다. 무늬만 부부일 뿐 따로 사는 삶이 지금 우리나라 가정을 멍들게 하고 아프게 한다. 남편과 아내는 많은 부분이 다르다. 그 다름을 극복하고 아름답게 묶어주는 끈이 정서적 유대감이다.

서로 달라도 정서를 공유하면 행복할 수 있다. 고맙다는 말도 할 수 있고 "나 때문에 힘들었지" 하고 위로할 수도 있다. 그렇게 되면 서로 다르다는 사실이 더 이상 불행의 원천이 아니다.

정서적 유대감이 생기면 어떤 부부든지 행복할 수 있다. 그리고 모든 부부는 행복 앞에 동등하다. 직업이 무엇이든, 교육 수준이 어떻든, 나이가 얼마든 결혼한 모든 남녀 즉 부부는 부부라서 행복할 수 있다는 뜻이다. 단 그 기회는 스스로 만들어야 한다.

부부싸움은 '남자'와 '아내'의 싸움

여자는 결혼하면 이내 아내의 역할을 파악하고 아내로서 남편에게 책무를 다한다. 그리고 배우자도 빨리 '남편'이 되어주기를 바란다. 부부가 함께 시간, 돈, 에너지를 공유하고 싶어 하고 남편에게 자신이 여전히 소중한 사람인지를 예민하게 점검한다. 자신이 다른 사람들보다 남편에게 우선순위이길 바라기 때문이다.

남자가 남편이 되는 시간

남자는 관계가 아니라 독립적인 개인의 맥락에서 결혼을 파악하는 경우가 많다. 결혼 후에도 '남자'의 삶을 유지하며 간섭받기 싫어하고 혼자 있을 공간을 찾는다. 여전히 결혼 전의 관계와 활동을 유지하는 데 시간과 에너지를 쓴다. 아내가 이런 자신의 생활방식을 바꾸려 하면 부담스럽고 짜증이 난다. 그래서 대화를 피하다가 아내가 더 이상 불평하지 않으면 둘 사이에 합의가 됐으며 아내와 공감이 이루어지고 있다고 착각하기도 한다.

이처럼 '남자'가 '남편'이 되는 데 걸리는 시간은 '여자'가 '아내'가 되는 데 걸리는 시간보다 훨씬 길다. 이것이 부부 갈등의 중요한 원인이다.

지금까지 많은 부부를 상담하면서 부부싸움은 '남편과 아내'가 아니라 '남자'와 '아내'가 싸우는 것임을 알게 되었다. 아내가 "대화 좀 하자"고 하면 남자는 "맨날 무슨 대화를 그렇게 하자고 해. 나는 할 말 없어"라며 자기 방으로 들어가버린다. 아내가 "내 편이냐"고 물으면 남편은 "네 편 내 편이 어디 있어? 나는 옳은 사람 편이야"라고 대답한다.

결혼한 아내의 삶에 남편은 큰 부분을 차지한다. 그런데 남편은 좀 다르다. 결혼 전과 크게 바뀐 것이 없어 보인다. 남편에게 아내가 차지하는 비중은 그저 여러 지인들 중 한 명 정도인 것 같다. 속마음이 어떤지는 몰라도 겉으로 보기에는 그렇다. 이런 상황이 계속될 것 같은 불안감에 아내가 남편에게 제발 '남의 편' 말고 '남편'이 되어달라고 해보지만 돌아오는 건 '나를 좀 내버려두라'라는 말뿐이다. 부부 사이의 골은 점점 깊어지기만 한다.

아내의 상처는 이미 곪기 시작했다

남편은 '남편'이 되어 '아내'의 입장을 생각하는 것이 아니라 여전히 '남자'로서 자신의 입장부터 생각한다. 부부라는 개념은 다른 개념들보다 뒤에 있는 듯하다.

남편과 함께 '삶'을 공유하지 못하는 아내에게 결혼생활은 상처이고 고통이다. 육아는 물론이고 시댁 방문이나 다른 현실적인 문제도 남편과 상의할 수가 없다. 말이 통하지 않기 때문이다. 예를 들어 시댁 문제로 고민하는 아내에게 남편은 이렇게 말한다.

"우리 어머니 나쁜 사람 아니야. 그런 뜻으로 한 말이 아니라고. 당신이 이해 좀 해주면 안 돼? 당신이 좀 참으면 되잖아. 왜 일을 크게 만들어?"

아내는 답답하다. 자신을 먼저 생각해주지 않는 남편이 섭섭하다. 남편의 말이 송곳처럼 아프다. 화가 난 아내는 결국 참지 못하고 남편에게 따지기 시작한다.

"당신은 대체 누구 편이야!"

아내가 격앙된 반응을 보이면 남편은 그것이 아내의 솔직한 감정 표현이 아니라 자신에 대한 공격과 비난이라고 생각한다. 아내가 울어도 화를 내도 우울해해도 왜 그러는지 이해를 못한다. 그래서 아내를 위로하기보다는 자신의 신세를 한탄하면서 고통스러워한다. 그리고 모든 문제를 아내의 탓으로 돌리기 시작한다. 아내가 예민해서, 참을성이 부족해서 생기는 일이라고 생각한다. 아내만 달라지면 될 일이라 생각하니 문제 해결에도 소극적이다. 실제로 부부 관계 회복을 위해 상담을 의뢰하거나 부부 세미나 등에 문을 두드리는 쪽은 대부분 아내들이다. 남편들은 '우리 부부는 별 문제없는데 아내가 호들갑을 떠는 것'이라면서 울며 겨자 먹기식으로 오는 사람이 많다.

남들도 다 겪는 문제라는 착각

부부를 상담할 때 부부 사이에 의사소통이 잘 되는지, 이혼을 원하는지, 부부 사이의 갈등이 심각한지 등에 대해 설문조사를 하는데, 결과는 놀랍다. 아내들은 남편과 소통이 전혀 되지 않고 이혼하고 싶을 정도로 갈등이 심각하다고 답한다. 그런데 남편들은 남들도 다 겪는 가벼운 갈등 정도만 있을 뿐이며, 의사소통에도 문제가 없는데 아내가 예민한 것이라고 생각한다. 아내가 자신을 건드리지만 않으면 싸울 일이 없다는 식이다.

아내와 남편이 생각하는 부부의 모습은 이처럼 너무나 다르다. 혼자 있고 싶은 '남자'와 부부가 함께하는 것이 당연한 '아내'가 살고 있으니 문제가 생길 수밖에 없다. 아내와 남편의 생각의 차이만큼이나 부부 문제는 사실 심각한 상황인데도 이를 잘 인지하지 못하는 경우가 많다. 이 차이를 좁히기 위해서는 부부가 함께 진지하게 고민해야 한다.

남자와 여자가 만나서 부부가 되면 서로 배워야 할 것들이 많다. 아내는 '남편'이 되기 어려워하는 남자를 이해하고, 남편은 아내의 감정을 이해하고 아내와 소통하는 방법을 배워야 한다. 그러려면 남자가 먼저 아내의 감정을 위로하고 이해하면서 남편이 되려는 노력을 해야 한다. 남자가 남편이 되고 여자가 아내가 되는 시간차를 최대한 줄이는 것이 부부 두 사람 모두에게 좋다.

남편은 아내가 감정을 표현하면 공격으로 받아들일 게 아니라 이해하고 공감할 줄 알아야 한다. 그래야 아내의 고통이 사라지고 우울감도 줄어 남편 자신도 편하게 된다. 아내의 마음에 남편의 이미지가 긍정적으로 자리 잡으면 아내가 남편을 믿고 지지해주기 때문이다. 이렇게 되면 결혼생활이 질적으로 극적인 변화를 보인다.

"대화하는 시간에 대한 기억이 좋지 않아요. 제가 어릴 때 저희 아버지는 저에게 대화 좀 하자고 하고 불러놓고는 야단치기 일쑤였어요. 한마디로 야단치려고 저를 부르는 거였죠. 그래서 아내가 저에게 이야기 좀 하자고 하면 긴장되고 그냥 싫었어요. 내가 뭘 잘못했나 곰곰이 생각하게 되는 것도 싫었구요. 그런데 상담을 받으면서 저의 과거가 아내의 말과 행동을 왜곡해서 받아들이게 했다는 걸 깨달았어요. 아내와 정서적으로 소통하는 것이 아직은 익숙하지 않지만 제가 노력한다는 걸 아내도 아나봐요. 아내가 저를 대하는 태도가 많이 좋아졌어요. 말도 사근사근해지고 반찬도 달라진 것 같아요. 아내가 좀 좋아질까 해서 상담을 받은 건데 오히려 제가 편안해졌습니다. 출근길이 즐겁고 집에 들어오는 것이 행복해요. 사실 표현을 못했을 뿐이지 저도 외로웠어요. 부부 사이가 좋아지니까 혼자 외로워하고 힘들어했던 게 어리석어 보여요. 요즘은 제가 더 만족합니다."

갈등은 사랑의 끝이 아니다

"사랑을 생각하면 어떤 감정이 떠오르나요?"

부부 상담을 할 때 자주 묻는 질문이다. 부모님의 사랑, 연인이나 배우자와의 사랑을 생각해보고 그와 관계된 감정을 떠올려보라고 하면 짜릿하다, 설렌다, 행복하다, 편안하다, 희열을 느낀다, 즐겁다, 기쁘다, 안정된다 등 대부분 긍정적인 감정을 이야기한다. 사랑하기 때문에 생기는 좋은 정서다. 사랑의 욕구가 충족되었을 때 느끼는 정서적 만족감의 표현이다.

그러나 사랑하기 때문에 겪게 되는 또 다른 정서가 있다. 내가 사랑하는 대상에게서 사랑을 받지 못할 때 생기는 부정적인 감정이다. 두렵다, 화가 난다, 짜증이 난다, 우울하다, 외롭다, 고통스럽다, 아프다, 절망적이다 같은 것이다.

사람은 긍정적인 감정보다 부정적인 감정에 더 빨리 더 강력하게 반응한다. 그래서 사랑하는 사람에게 친밀감의 욕구, 사랑받고 싶은 욕구가 좌절될 때 혼자일 때보다 더 우울해지고, 다른 사람에게는 느끼지 못하는 강렬한 분노를 느끼게 되는 것이다.

겉으로 나오는 반응이 사랑의 전부가 아니다

배우자가 화를 내거나 짜증을 내고 우울해 하면 이제 사랑이 끝난 것 같다고 생각하는 사람이 많다. 사랑한다면 좋은 감정만 느끼고 좋은 이야기만 할 것이라는 착각 때문이다. 그래서 부정적인 감정을 표현하면 성격이 예민하거나 사회성이 부족하다고 한다. 하지만 이것은 사랑의 두 가지 측면을 몰라서 하는 말이다.

부정적인 감정을 다루는 것은 사랑을 완성하는 데 있어서 매우 중요한 일이다. 서로 좋은 감정을 표현하면서 관계를 발전시키는 것이 연인 관계라면, 부부는 부정적인 감정을 서로 이해하고 풀어주면서 더 깊어지는 관계라고 할 수 있다.

사랑하는 대상과의 관계에 문제가 생기면 누구나 극심한 두려움을 갖게 된다. 그리고 불안, 분노 같은 부정적인 감정을 가지고 있으면 이것을 해결하는 데에 다른 사람과의 관계에 투입해야 할 에너지까지 모두 소진하게 된다. 참을성이 떨어지고 쉽게 화를 내게 된다. 우선순위 관계와의 문제에 집중하느라 다른 사람을 돌아볼 여력이 없기 때문이다. 배우자가 부정적인 감정을 공감하고 풀어줄 때 부부의 갈등은 줄어들고 사랑은 깊어진다.

두려움을 이해해야 한다

워싱턴 주립대학교 자크 팽크셉Jaak Panksepp 교수는 30년간 인간의 뇌구조와 유사한 쥐의 뇌를 연구했다. 그리고 새끼를 보호하는 어미쥐의 편도체에서 특별한 신경회로를 발견했다. 인간처럼 친밀한 유대감을 맺는 포유류들에게서 발견되는 이 특별한 신경회로는 어미 쥐를 새끼 쥐에게서 분리시키는 순간 즉시 작동했다. '근원적 두려움Primal Panic' 때문이다.

부부 치료를 해보면 대부분의 배우자들이 이러한 두려움을 표현한다. 남편이 자신에게 관심이 없다고 느낄 때 아내는 절망감과 두려움을 경험한다. 남편 역시 아내가 자신을 인정해주지 않으면 무기력해진다. 이때 생기는 절망감과 무력감을 해결해주는 것이 바로 사랑이다.

두려움은 인간이 태어난 후 '관계'가 시작되면서부터 작동한다. 그리고 해결되지 못한 심각한 두려움은 이후의 삶에 지속적으로 영향을 미쳐 다른 사람과의 관계를 막는 요인이 된다. 부부 사이에도 이러한 두려움이 발생하며, 상대 배우자가 도와주어야만 두려움을 없애고 친밀감을 회복할 수 있다.

"당신은 너무 예민하고 부정적이야. 좀 긍정적으로 생각하면 안 돼? 스스로 그 부정적인 감정에서 빠져나오라고. 아이처럼 나약하게 굴지 말고."

부정적인 감정에 빠진 배우자에게 이렇게 말하면 이는 큰 상처가 될 수 있다. 상대의 우울과 분노를 이해하려는 태도를 보여주어야 한다. 실용적인 측면에서 보더라도 부부는 운명 공동체라 한 사람이 불행하면 다른 사람도 행복해질 수 없기 때문이다. 문제의 실마리는 문제에 집중할 때 보이는 법이다. 부정적인 감정으로 힘들어하는 배우자의 감정에 집중해야 한다.

'배우자가 나를 무시할까봐 두렵고 힘든 고통'은 배우자가 자신의 말을 무시하지 않을 때 사라진다. 적극적으로 배우자의 고통에 공감해주라는 뜻이다. 공감을 어떻게 해야 할지 모를 때는 배우자의 말을 그대로 따라해보는 것도 방법이다. "짜증나, 기분 나빠"라고 하는 배우자에게 "짜증나? 기분이 안 좋아?" 하고 되묻기만 해도 많은 문제가 해결된다.

사랑의 욕구는 혼자 채울 수 없듯이 사랑받지 못해 생기는 두려움 역시 혼자 해결할 수 없다. 배우자가 부정적인 말과 행동을 하는 것은 당신을 사랑하지 않아서가 아니라 더 사랑받고 싶어서라는 것을 깨달아야 한다.

남녀의 뇌는 어떻게 다를까?

"남편은 저와 대화할 때 전쟁터에 싸우러 나오는 군인처럼 단단히 무장하고 나오는 것 같아요. 어떤 얘기를 해도 저랑 맞서요. 물러나는 법이 없어요. 심지어 저를 힘들게 한 사람 편에 서서 저를 공격해요. 그 사람 입장에서 제 잘못을 들춰내고, 그 사람이 얼마나 힘들지 저를 설득하려 해요."

남녀의 뇌의 차이를 알면 아내가 왜 이렇게 생각하는지 남편의 입장은 어떨지 이해할 수 있을 것이다.

태어날 때 남녀의 뇌는 구조와 기능이 유사하다. 생후 8주가 되면 남자는 테스토스테론이 분비되고 여자는 에스트로겐이 분비된다. 보통 이때부터 남자는 커뮤니케이션 중추보다 섹스를 관장하는 공격 중추가 상대적으로 더 빨리 발달한다. 일반적으로 남자는 행동과 공격 중추가 여자보다 크고 성적 충동과 연관된 뇌는 2.5배 크다.

남성호르몬인 테스토스테론은 침묵하게 만들고 게임에서 점수를 올리는 등 목표 지향적으로 만든다. 그래서 남성은 혼자 몇 시간이고 게임을 할 수 있지만 하루에 사용하는 단어는 보통 7천 단어에 불과하다. 반면에 여성호르몬인 에스트로겐은 인간관계와 의사소통, 감정과 관계에 집중하게 한다. 여성은 하루 2만 단어 이상을 사용하는데, 이는 남성의 약 3배이다.

여자는 남자보다 언어와 청각 중추의 신경세포가 10퍼센트 이상 많고 정서와 기억을 형성하고 유지시키는 해마상 융기hippocampus가 남자보다 크다. 그래서 일반적으로 여성은 상대 얼굴만 봐도 심리 상태를 쉽게 파악하고 작고 단순한 스트레스에도 생명의 위협을 느끼며 언어를 순발력 있게 구사하고 깊고 진지한 관계를 원한다. 여아의 뇌가 가장 먼저 하는 일은 상대의 표정을 살피는 것으로, 생후 3개월간 응시 능력은 약 400배가 증가한다. 상대 반응에 따라서 자신이 상대에게 필요한 존재인지 성가신 존재인지를 파악한다. 그래서 여아들이 가장 견디기 힘들어하는 것이 무표정한 얼굴이다.

여아의 뇌는 일대일로 밀접한 관계를 맺는 것과 조금 더 연관이 있고, 남아는 위치, 권력, 영토 방어에 필요한 행위와 상대적으로 더 연관되어 있다고 알려져 있다. 좋은 상대와의 즐거운 대화는 여자의 쾌락 중추를 활성화시킨다. 반면 관계의 위협과 상실을 경험하면 여성은 유대를 강화시키는 호르몬인 세로토닌, 도파민, 옥시토신의 수치가 감소되어 불안감이 증가되고 고립감 및 거부감을 느끼게 된다.

텍사스 대학교의 로버트 조지프Robert Joseph 교수는 남자의 자아존중감은 독립성이 보장될 때 생기고, 여자는 타인과 밀접한 관계를 유지할 때 강해지며 여자의 가장 큰 스트레스는 친밀한 관계의 상실이라고 말한다. 스트레스 상황이 되면 남자는 물리적인 공격 행위를 하거나 투쟁 혹은 회피Fight Or Flight 반응을 취하고 여자는 감정적이고 언어적인 공격을 퍼붓는다.

물론 이런 사실이 남성과 여성의 모든 차이를 설명한다고 말할 수는 없다. 그러니 부부가 겪는 갈등이 이런 차이 때문이라고 단정지어서는 안 된다. 개인마다 차이가 있고 가정에 따라, 문화권에 따라 차이가 있을 수 있다. 그러나 이런 사실을 염두에 둔다면 왜 부부 사이에 오해가 생기는지, 왜 이해와 소통이 중요한지 조금은 알 수 있을 것이다.

PART 3

문제에 집중하면 해결책이 보인다

언제나 부부 문제는

문제가 일어난 시점부터 생각해야 한다.

문제에 집중하면 보이지 않던 것도 보이고

배우자의 새로운 모습도 발견할 수 있다.

문제는 그때부터 해결되는 것이다.

내가 더 많이 참고 산다는 착각

아내는 억울하다. 명절 때마다 친정에는 못 가더라도 시댁에는 꼭 가고, 자기 옷은 만 원짜리도 아까워서 벌벌 떨더라도 남편의 옷은 철마다 비싼 것으로 마련했다. 혹시 아침 못 먹고 가면 남편이 제대로 일을 못할까봐 새벽부터 일어나 밥이며 국을 준비했다. 그런데 남편은 늘 자신을 무시한다. 하루 종일 남편을 기다려도 퇴근한 남편은 피곤하다며 피하기만 한다. 어떤 때는 내가 이렇게 살려고 결혼한 게 아닌데, 하는 생각까지 든다. 분명히 자신이 더 맞추고, 더 이해하면서 사는데 남편은 그런 자신을 몰라준다. 그럴 때마다 아내는 더욱 더 남편에게 집착한다. 남편은 그런 아내가 부담스러워 대화를 거부하고 결국 자기 방으로 들어가버린다.

자기 입장만 생각하는 게 문제다

갈등이 생기면 아내는 관계에 더 몰두하고 남편은 관계를 회피하는 경우가 많다. 이를 '몰두형 아내, 회피형 남편 증후군'이라고 부른다. 아내는 관계를 통해서 문제를 해결하려고 하고, 남편은 관계에서 벗어나는 것으로 문제를 해결하려는 것이다.

아내는 자신을 회피하는 남편을 보면 분노가 생긴다. 가정은 둘이 만들었는데, 가정을 꾸리는 건 자신뿐이라 손해 보고 있다는 생각까지 든다.

남편은 자신에게 짜증을 내는 아내가 점점 이해 되지 않는다. 결혼 생활에 문제가 있다면 그건 바로 아내 자신일 것이라고 생각한다. 다른 부부들도 겪고 있는 문제는 문제도 아니라고 생각한다. 적당히 넘어갈 줄도 알아야 하는데 누구나 겪는 문제에 일일이 스트레스를 받으면 자기만 손해인데, 사사건건 불만인 아내를 이해할 수 없다. 가정을 위해서 자신만 희생하고 있다고 생각한다.

몰두형 아내, 회피형 남편 증후군에 갇히면 대화가 어려워진다. 각자 자기 입장에서만 생각하기 때문이다. 어쩌다 대화가 시작되어도 곧 싸움으로 번지고 싸움이 끝날 때쯤에는 서로 자기가 더 많이 참고 할 말을 못하고 산다고 느낀다.

이해보다 알아주는 게 먼저다

대화는 상대가 들어줄 때 비로소 의미를 얻게 된다. 하지만 '몰두형 아내, 회피형 남편' 고리에 갇히면 부부는 서로의 말을 듣지 못한다.

"남편에게 도대체 왜 그러는 거냐고 말하면 오히려 왜 자기를 이해해주지 않는 거냐고 받아쳐요. 누가 더 이해하면서 살고 있는데… 정말 답답해서 못 살겠어요."

"저는 회사에서 무슨 일이 있어도, 집이 좀 지저분해도 불평하지 않아요. 그런데 아내는 뭘 그리 하나하나 불평인지. 자기가 감당할 건 감당해야지 그걸 참고 산다고 말할 수는 없는 것 아닌가요?"

아내는 불평하려는 것이 아니라 남편에게 정서적인 이해를 바라는 것뿐이다. 남편이 다가와 위로해주기를 바라는 것이다. 반면에 자기 감정도 잘 모르고 표현도 잘 하지 않는 남편은 아내가 아내 스스로 자신의 감정을 잘 해결해야 된다고 생각한다. 남자들은 기질적으로 정서를 파악하는 데 약한 편이라 즐거움, 슬픔 등 감정에 대한 반응이 크지 않다. 그래서 아내의 반응이 도무지 이해가 가지 않는다고 말하는 남편이 많다.

그런데 남편 본인은 어떤가. 자신이 하는 일에 대해서 이해를 바라는 것은 남편도 마찬가지다. 결국 아내는 정서적인 이해를, 남편은 현실적인 이해를 바라는 것이다. 그러므로 서로 자신이 더 많이 상대를 이해하고 있다는 생각은 착각일 가능성이 높다.

몰두형 아내, 회피형 남편의 고리에서 벗어나려면 먼저 부부 스스로 자신들이 고리에 갇혀 있다는 사실을 인식해야 한다. 내 행동이 배우자의 부정적인 행동을 강화시키고 있음을 알아야 한다. 공격하면 도망가고, 회피하면 공격의 강도가 더해진다는 사실을 깨달아야 한다. 배우자가 그런 언행을 하는 것이 나쁜 성격이나 무슨 병 때문이 아니라 나와의 관계에서 비롯된 반응이라는 것을 알아야 한다. 나만 옳은 것이 아니다. 배우자의 행동에도 반드시 이유가 있다.

아내는 공격하고 남편은 도망간다

부부가 갈등을 겪고 있는 많은 가정에서 몰두형 아내와 회피형 남편을 볼 수 있다. 저마다 사정은 다르겠지만 드러나는 양상은 비슷하다. 그래서 어떤 부부들은 자신들이 겪는 문제를 남들도 으레 겪는 문제라고 여기면서 그냥 덮어버리려 한다. 속이 상하고 부부 관계가 틀어져도 모두들 한 번쯤 겪는 일이라고, 그저 성격 차이라고 치부해버리는 것이다.

진짜 문제는 여기서 발생한다. 충분히 해결할 수 있는 문제를 문제가 아니라고 덮어버리니 해결될 리 만무한 것이다. 덮어둔 문제는 괴물처럼 커져서 언젠가는 폭발한다.

회피형 남편을 위한 해결책

회피형 남편이 감정을 처리하는 방식은 주로 자책이다. 아내의 마음에 공감하기 어려운 남편들은 되레 자기 자신을 자책한다.

"그래, 다 내 탓이야. 내가 못나서 그래. 내가 사라져줄게."

"어머니가 아내를 야단칠 때 내가 왜 물러나버렸을까? 아내가 가지 말라고 한 모임에 왜 가서 이렇게 가정을 불행하게 만들었을까?"

남편은 자괴감에 빠져들고 실패감에 괴로워한다. 감정을 섬세하게 다룰 줄 모르는 남편들은 아내의 입장을 들여다보지 못하고 자신의 감정과 실수에만 집중한다. 남편이 그러는 동안 이해받지 못한 아내는 버림받은 느낌을 받는다. 결과적으로 위로가 필요한 아내를 방치한 것과 같은 효과가 된다. 그러면 아내는 또 다시 분노하게 된다.

악순환이 반복되는 것이다. 남편은 과거의 일로 비난을 받으면 이제 그렇게 하지 않으니 빨리 미래로 나아가자고 한다. 예를 들어 이제는 외도를 하지 않으니 과거에 있었던 일은 잊고 지금 자신의 모습만 봐달라고 한다. "앞으로 잘할게, 노력할게"라고 약속한다.

아내 입장에서는 말도 안 되는 소리다. 있었던 일을 없었던 일처럼 덮어놓고 그냥 넘어가자는 이야기밖에 안 된다. 그래서 남편은 먼저 공감을 해야 한다. 아내의 감정에 공감해주는 것 자체로 아내의 상처가 많이 좋아질 수 있고 부부 사이의 문제도 해결될 수 있다는 확신을 가져야 한다.

아내의 감정을 공감해주면 아내가 자기가 한 일은 인정해주지 않고 오히려 감정 타령만 늘어날 것 같다는 남편이 많다. 그러나 그것은 선입견이다. 실제로 그렇지 않다. 남편이 아내의 감정을 공감해주면 아내는 남편을 인정하고 지지하기 시작한다. 남편이 아내에게 다가가면 아내의 마음에 세워진 벽이 조금씩 무너진다. 미처 몰랐던 자신의 잘못도 알게 되고 남편의 노력도 인정하게 된다. 실제로 상담을 하다보면 이런 사례가 많다.

회피형 남편 주형 씨는 대못처럼 찔러 대는 아내에게 다가가기가 두려웠다. 하지만 회피하면 할수록 아내의 반응이 더 심해진다는 사실을 알고 마음을 바꾸어 용기를 냈다. 자신의 생각이 틀렸다는 사실을 알게 되었다.

"아내가 속내를 보여줘야 제가 안아줄 텐데, 아내는 늘 너무 강했어요. 그런데 상담을 받으면서 저의 회피 행동이 아내를 싸움꾼으로 만들었다는 것을 깨달았어요. 아내가 달라지기를 원한다면 제가 먼저 달라져야 했어요. 강철로 찔러대는 아내만 보았지 그 속에 숨어 있는 아내의 상처를 보지 못했어요. 이제 아내를 피하지 않아요. 제가 용기내서 먼저 다가갔더니 아내도 좋아해요. 말도 따뜻하게 하구요. 이제는 정말 아내가 제 편 같아요."

기계와 인간의 차이 중 하나는 '감정'의 여부다. 기계로 전락하지 않으려면 남편이 감정에 친숙해져야 한다. 그리고 감정에 대해 배워야 한다.

공격하는 아내를 위한 해결책

친구들은 미선 씨에게 남편이 돈을 벌어 오니 그걸로 만족하고 적당히 마음 비우고 살라고 조언했다. 실제로 남편과 소통하기를 포기하고 그렇게 살아가는 아내들도 많이 있다. 남편이 뭘 하든지 상관하지 않고 남편을 덩치 큰 애라고 생각하면서 딱 자신이 해야 할 일만 하고 사는 것이다.

남편 성우 씨도 아내 미선 씨에게 친구도 만나고 취미활동도 하라고 한다. 자기는 밖에서 일을 해야 하니까 자신에게 매달리지 말라는 뜻이다. 아이에게서 행복을 찾으라고 조언하는 사람도 많지만 이 모든 것이 미선 씨에게는 효과가 없다. 알맹이가 빠진 느낌이다. 그럴수록 남편에게 더욱 공격적으로 대하게 된다.

남편에게 거부당한 아내 미선 씨는 자신이 괴물이 되어가는 것만 같다. 점점 악다구니도 늘고 공격적인 모습이 나온다. 인간이라면 이런 마음을 모르지 않을 텐데, 남편을 이해할 수가 없다. 이제는 자신이 늘 화를 내려고 준비된 사람 같다. 아이들에게도 여유가 없어진다. 남편이 일, 일, 하는 것조차도 짜증이 난다. 일은 잘할지 모르나 남편으로서는 빵점이다. 평생 자신의 감정에 공감해주지 못할 것 같다. 답답하다. 지금 결혼생활에서 자기만 빠져버리면 될 것 같은 느낌이 든다.

문제 상황은 어느 한쪽만 잘못해서 생기는 것이 아니다. 남편이 먼저 다가서려고 해도 아내가 지나치게 공격적으로 반응하면 남편도 다가가기 어렵다. 감정을 가라앉히고 부드럽게 말하기만 해도 남편의 마음을 열 수 있다.

악순환을 벗어나게 하는 한마디

몰두형 부인, 회피형 남편 증후군에 갇힐 때라도 부부 중 한 사람이 배우자가 원하는 반응을 해주면 악순환의 고리가 서서히 약화되어서 결국 그 고리에서 빠져나올 수 있게 된다. 두 사람이 함께 문제를 풀면 부부 관계의 회복은 쉽다. 아내는 부드러운 목소리로 남편이 하는 작은 일을 칭찬한다. 남편은 아내가 화를 내는 이유를 이해하려고 노력한다.

아내들이 가장 듣고 싶은 말은 이런 것이다.

"당신 그랬구나!"

남편이 진심으로 아내에게 공감하면 40년 묵은 감정도 서서히 사라진다. 부부의 관점에서 보면 화내는 아내는 남편의 회피 행동을 강화하고, 남편의 회피 행동은 아내의 공격 행동을 조장한다. 부담스럽거나 자신을 분노하게 만드는 배우자의 행동이 자신 때문일 수도 있다는 사실을 깨달으면 배우자가 덜 원망스럽다.

몰두형 아내, 회피형 남편의 고리에서 빠져나오게 해주는 해독제는 멀리 있지 않다. 이 한마디면 충분하다.

"당신 힘들었겠다."

외도는 부모의 죽음보다 더 큰 상처

부부의 이혼 사유 중 배우자의 '외도'가 차지하는 비율이 가장 높다고 한다. 실제로 부부 상담을 하면서 많은 부부가 배우자의 외도로 힘들어 하는 모습을 많이 보았다. 부부는 '나는 배우자에게 소중한 사람이다'라는 확신이 없을 때 결국 이혼에까지 이르게 된다. '외도'는 그러한 확신에 치명적인 상처를 주는 일이기 때문에 외도가 이혼 사유의 일순위라는 사실이 딱히 놀라운 결과는 아니다.

배우자가 자신이 보내는 친밀함의 욕구를 반복적으로 외면하면 배우자에게는 자신이 소중하지 않은 사람이라는 생각과 서운하고 외로운 마음이 서서히 자리 잡는다. 자신의 욕구가 한두 번 외면당한다고 해서 이혼을 생각하는 사람은 없다. 오랜 세월에 걸쳐 지속적으로 배우자에게 무시당할 때 서서히 이혼을 생각하게 된다.

인간은 누구나 자신이 가치 있는 존재이기를 바란다. 무가치한 사람이라는 생각이 들면 삶의 의욕도 사라진다. 부부에게 있어 배우자는 자신의 가치를 가장 높이 평가해주는 소중한 사람이어야 한다. 결혼을 하면 배우자가 나의 삶에 가장 큰 영향을 미치기 때문이다. 배우자가 나를 소중하게 여기지 않는다고 느끼면 자신감을 잃게 되고 우울해진다. 일순위 애착대상이 나의 안식처가 되고 안전기지가 되어야 하는데 그렇지 못하면 죽고 싶은 마음이 들기도 하는 것이다.

자신의 존재감이 사라지는 것 같은 상처

보통 부부 관계가 악화되는 형태를 보면 서서히 멀어지고 조금씩 나빠지는 경우가 많은데 외도는 단일 사건으로 한 번에 부부 관계에 치명타를 입힌다. 배우자의 외도는 그동안 함께해왔던 모든 일들과 삶을 무의미하게 만든다. 외도는 배우자의 정체성을 송두리째 흔들고 배우자로 하여금 하늘이 무너지는 듯한 충격에 빠뜨리는 사건이다.

그런데도 외도가 배우자와 결혼생활에 미치는 영향을 제대로 직시하지 않고 큰일이 아닌 것으로 치부하는 사람들이 있다. 외도를 했지만 가정을 깰 생각은 없는데 아내가 너무 심하게 화를 낸다는 것이다. 외도한 사실을 들먹이니 듣기 싫다며 그만 말하라고 역정을 내는 사람도 있다. 배우자가 외도할 수밖에 없도록 원인을 제공한 게 아니냐며 피해자를 야단치는 경우도 많다. 외도를 했으면서도 자신은 배우자를 사랑한다는 사람도 있다. 한낱 '바람'이었다는 말이다. 이 모두가 외도에 대해서 정확한 이해가 부족하기 때문에 가능한 발언들이다.

"남편이 외도했다는 사실을 알고부터는 심장에 칼이 꽂혀 있는 느낌이에요. 롤러코스터를 타는 것처럼 주체할 수 없는 분노가 들끓다가 갑자기 우울해졌다가 실성한 사람처럼 웃기도 하고 불현듯 눈물도 나요. 죽이고 싶을 정도로 화가 치밀다가 내가 잘못 살았다는 죄책감에 빠져들기도 하구요. 모든 것이 잘못되어 있고 무의미하게 느껴집니다. 죽고 싶어요. 남편도 죽이고 싶을 만큼 미워요."

외도는 정서적 폭력이다

배우자의 외도를 경험하면 정서적으로 받는 고통이 너무 커서 쉽게 우울증이 찾아온다. 불안과 두려움, 배신감으로 분노는 극에 달한다.

일상생활을 유지하기가 힘들다. 주변 상황이 눈에 들어오지 않는다. 자녀를 챙기는 일도 힘들고, 집안의 대소사 같은 것들도 전혀 중요하지 않게 된다. 배우자의 외도에 모든 정신이 집중된다. 결혼하면서 생긴 모든 일들이 재해석된다. 필자는 이를 '깔때기 현상'이라고 부른다.

배우자의 말과 행동, 표정 등 모든 것들이 깔때기처럼 외도와 연결되어 해석된다. 외도를 저지른 배우자가 자신에게 소홀해도, 잘해줘도, 힘들어해도, 웃어도 그 의미가 외도와 연관되어서 해석된다. 현재의 현상뿐 아니라 과거의 일들도 새롭게 보이기 시작한다. 과거 일을 끄집어낸다. 별 의미없다고 생각한 말도 행동도 하나하나 의미심장한 것이었음을 배우자에게 확인하려 한다. 그래서 남편의 외도를 알게 되면 전화통화내역을 모두 뽑아서 점검하기도 하고 카드 사용내역을 맞춰보기도 한다. 그만 생각해야지 하면서도 외도한 배우자가 자신에게 무심하거나 자신이 입은 상처를 가볍게 여긴다 싶으면 또 다시 분노가 폭발한다. 폭발은 예기치 못한 순간에 수시로 일어난다. 외도와 연관된 꿈도 꾼다.

"저희 엄마가 돌아가시기 일주인 전에 남편의 외도를 알게 됐어요. 충격이 너무 커서 엄마가 돌아가신 지 2년이 되어가는데도 엄마가 돌아가셨다는 사실이 실감이 나질 않아요. 솔직히 말하면, 엄마가 돌아가신 걸 충분히 슬퍼할 만한 마음의 여유가 없는 거예요. 남편에 대한 분노가 너무 커서요. 외도도 외도지만, 제가 그 사실을 알게 된 이후에 남편이 보여준 태도가 정말이지 괘씸하기 짝이 없었거든요. 엄마를 떠올리면 남편의 외도가 같이 떠오르는 것도 너무 힘들어요. 우리 엄마가 왜 그런 일과 엮여야 하나요? 마음이 이런 지경이다보니 아이들에게도 소홀해요. 아이들한테는 정말 미안하지만 도무지 힘이 생기지 않아요. 남편이 저에게 먼저 용서를 구하고 제가 치유될 수 있게 도와야 하는 것 아닌가요? 남편이 너무 뻔뻔한 것 같아요. 이러다 제가 죽을 것 같아서 부부 상담을 신청했어요."

아내는 남편이 또 다시 외도할까봐 극도의 불안과 두려움에 사로잡혀 있다. 남편과 떨어지면 불안해서 24시간 함께 지내려 한다. 남편이 눈에 보이지 않고 연락이 되지 않으면 고통스러워한다. 심할 때는 아침에 출근하는 남편을 따라가 회사 주변에서 기다리다가 저녁에 함께 집에 온 적도 있다. 외도 사실을 알게 된 초기뿐 아니라 상처에서 회복되어가는 과정에서도 불안과 두려움은 늘 존재한다.

"제가 좀 좋아졌다고 하면 남편이 더 이상 저에게 미안해하지도 않고 집중하지도 않을까봐 걱정이 돼요. 그래서 좋아지고 있다는 말을 하기가 싫어요. 아직도 언뜻언뜻 화가 치밀 때가 있는데 저만 이상한 사람이 되는 것도 싫구요. 좋아졌다고 해도 여전히 남편에 대한 신뢰가 완전히 회복되지도 않아서인지 자주 우울해져요. 상처가 회복되는 데

오랜 시간이 걸린다는 것을 남편이 잊지 말았으면 좋겠어요."

그렇다. 아내가 좋아지고 상황이 나아졌다고 해서 마음을 놓으면 안 된다. 잃어버린 믿음을 다시 찾을 수 있도록 노력해야 한다. 계속해서 자신의 잘못을 인정하고 배우자의 감정을 이해하려고 해야 한다. 아내가 평온해 보인다고 모든 것을 잊었을 것이라든가 자신이 용서받았다고 속단해서는 안 된다. 용서는 상대방이 하는 것이다.

배신감은 배우자를 취약하게 만든다

결혼 후, 부부에게는 수많은 일들이 생긴다. 부부가 이런 일들을 처리하고 앞으로 나아갈 수 있는 것은 배우자에 대한 사랑과 믿음이 있기 때문이다. 직장생활의 어려움, 시댁과의 갈등, 자녀 양육의 고난, 경제적인 고민, 성격 차이 때문에 싸우기는 해도 배우자에 대한 사랑과 살다보면 좋은 날이 올 거란 믿음이 있기에 부부는 버틸 수 있다. 그런데 외도는 그 신뢰를 한꺼번에 날려버린다. 그전까지 가정을 지키기 위해 했던 모든 노력을 수포로 돌아가게 만든다. 피해 배우자의 자존감까지 무너뜨려 정상적인 생활을 하기 어렵게 만든다.

외도는 애착손상

심리학에서는 외도를 '애착손상Attachment Injury'이라고도 한다. 애착손상이란 애착대상이 기본적인 신뢰를 배신하는 행위를 말한다.

애착손상을 입은 배우자는 심리적으로 매우 취약해진다. 세상에 믿을 사람이 없고 자신의 고통을 나누고 기댈 수 있는 사람도 없다고 느낀다. 배우자의 외도 때문에 극도로 약해진 사람은 배우자가 자신에게 미안해하지 않거나 관심을 가져주지 않고 외면하면 더 큰 상처를 입는다. 외도 자체보다 그 이후의 태도 때문에 더 큰 상처를 입는 것이다.

외도 당사자는 배우자가 입은 상처를 이해하고 적극적으로 미안한 마음과 앞으로의 결심을 표현해야 한다. 주변 사람들에게 아픔을 털어놓고 위로를 받아도 그것으로 치유에 도달하지는 못한다. 결국 애착손상은 손상을 입힌 사람이 적극적으로 움직여줘야만 치유될 수 있다.

앞서 말한 것처럼 배우자의 외도를 경험한 사람들은 자존감에 상처를 입는다. 스스로 매력이 없다고 느낀다. 그래서 주변의 작은 자극에도 쉽게 상처받는다. 특히 배우자가 부주의하게 하는 말에 크게 상처를 입는다. 배우자가 외도 상대를 지지하거나 보호하는 듯한 입장을 취하면 분노는 극에 달한다. 외도를 반복할 것이라는 두려움이 너무나 큰 것이다.

외도 당사자의 부모가 어떤 태도를 보이는가도 매우 중요하다. 남편이 외도를 했을 때 시부모가 아내의 아픔을 이해하고 감싸주면 견딜 수 있는 힘이 커진다.

"시어머니가 제 편이 되어주었어요. '그 녀석이 정신 차리지 않으면, 앞으로 보지 않겠다'셨어요. 그게 제가 고통을 견디는 데 큰 힘이 되었어요."

그런데 이런 시부모는 사실 많지 않다. 팔은 안으로 굽는다고 시부모는 대부분 남편 편이다.

"걔가 오죽 했으면 그랬겠니? 네가 빌미를 준 게 아닌지 생각해봐라. 자꾸 잘못한 일을 들먹이면 남자는 밖으로 돌 수밖에 없어."

이런 말을 들으면 분노는 더욱 커진다. 취약해져 있는 피해자에게 너도 잘못이라며 탓하거나 그냥 조용히 참고 기다리라고 하는 것은 불난 집에 부채질하는 것과 같다.

덮으면 문제가 커진다

"말하면 나도 괴로우니 제발 말하지 마. 당신이 힘들어하는 걸 지켜보는 내 마음은 편하겠어? 그만 좀 해. 차라리 이혼하든가."

외도한 배우자가 오히려 자기가 더 힘들다면서 이혼을 요구하거나 더 이상 외도에 대해서 말하지 못하게 막는 것은 그렇지 않아도 취약해진 배우자에게 치명타가 된다. 힘들면 애착대상에게 달려가서 위로받고 이해받고 싶은 것이 인간의 자연스러운 기본욕구다. 그런데 그런 애착대상이 상처를 주었으니 그것만으로도 삶의 의미를 송두리째 잃어버릴 수 있는데, 그런 마음을 아예 표현도 못하게 막아버린다. 비참하기 이를 데 없다.

외도와 관련한 말 중에 '현장에서 걸려도 잡아떼라'는 것이 있다. 외도 사실이 드러나더라도 오히려 강하게 나가는 것이 낫다는 것이다. 이처럼 어떤 사람들은 사안의 무게를 축소시키려 하거나 폭력까지 쓰기도 한다. 이런 경우는 회복이 어렵다.

외도에 대해 말하면 말할수록 상처가 더 커질 것이므로 말하지 않는 것이 좋다고 생각하는 사람도 많다. 하지만 어느 정도 회복이 되어 스스로 언급을 자제하게 될 때까지 외도 당사자가 먼저 배우자에게 언급을 막으면 안 된다. 그것은 칼에 찔려 피 흘리는 사람에게 아프다고 소리치지 말고 조용히 있으라고 다그치는 것과 같다.

배우자가 아픔을 말할 때마다 진정으로 들어주고 위로해주면 차츰 외도에 대해 이야기하는 횟수가 줄어든다. 자신의 고통에 공감한다는 생각이 들면 상처가 비로소 조금씩 치유되기 때문이다.

성급한 일반화는 안 된다

남들도 모두 그런다면서 자신의 잘못을 일반화하는 사람이 많은데, 이런 방식은 부부 관계 회복에 전혀 도움이 되지 않는다. 외도는 부부의 신뢰를 깨는 잘못된 행위이고 배우자에게 깊은 상처를 준다는 분명한 사실을 인정하지 않으면 부부 관계의 회복은 어렵다.

외도 후 강하게 대처하지 않으면 평생 잡혀 산다고 생각하는 사람이 여전히 많다. 잘못은 자기가 해놓고 오히려 배우자를 몰아세우기도 한다. 이럴 경우 그렇지 않아도 취약해진 배우자는 이중의 상처를 입어 감당할 수 없을 만큼 비참해진다. 외도의 유일한 해결책은 외도 당사자가 배우자의 상처를 제대로 알고 진심으로 위로하는 것뿐이다.

그럼에도 관계는 다시 회복할 수 있다

일단 외도 문제가 발생하면 적극적으로 대처해야 한다. 외도 당사자도 배우자의 상처가 치유된 다음에야 죄책감에서 자유로울 수 있다. 상처가 제대로 치유되지 않으면 부부에게 행복한 미래는 없다. 외도 후 진심으로 노력하여 예전보다 행복하게 사는 부부도 많다는 사실을 기억해야 한다.

외도 후 관계 회복의 3원칙

외도 때문에 위기에 놓인 많은 부부를 상담하면서 필자는 다음 세

가지 치료 원칙을 세웠다.

첫째, 외도 당사자는 다시는 외도를 저질러서는 안 된다. 상담 과정에서 배우자의 외도가 얼마나 인간을 황폐화시키는지 적나라하게 본다. 이 시대의 많은 매체들은 부부가 단점과 차이를 극복하면서 지켜가는 사랑보다는 부적절한 관계의 사랑이 더 아름다운 것처럼 묘사하곤 한다. 심지어 외도를 '능력'인 듯 표현하기까지 한다. 외도가 배우자와 가족들에게 주는 상처의 깊이와 아픔의 크기를 알면 이렇게 하지는 않을 것이다.

한 번의 외도도 치명적인데 외도가 반복되면 부부 관계는 되돌릴 수 없다. 게다가 외도의 중단이 곧 부부 관계의 회복을 의미하지는 않는다. 외도의 중단은 관계 회복의 가장 기본 전제 조건일 뿐이다.

둘째, 배우자가 회복될 때까지 반복적으로 잘못을 인정하고 미안한 마음을 표현해야 한다. 외도 당사자는 배우자의 상처가 아물 때까지 철저히 배우자 위주로 생각해야 한다. 배우자의 머릿속에는 끊임없이 외도와 연관된 생각과 감정이 올라온다. 그래서 수시로 아파하고 화를 내고 우울해하는 것이다. 상처가 나을 틈이 없는 것이다.

사라진 신뢰는 한두 번의 사과로 회복되지 않는다. 집에 일찍 들어오고 배우자와 전화기를 공유하고 모든 스케줄을 보여주어도 마찬가지다. 섣불리 믿었다가 또 다시 자기 발등을 찍는 실수를 범하고 싶지 않기 때문에 배우자는 매우 예민한 상태다. 외도 당사자는 이러한 사실을 잘 알아야 한다. 부부 관계를 회복하기 위해서는 외도 당사자의 태도가 가장 중요하며 충분한 시간이 필요하다.

셋째, 외도 때문에 생기는 상처의 깊이를 이해해야 한다. 외도가 배우자에게 상처를 준다는 건 알지만 그 상처가 어느 정도 깊은지에 대해서 아는 사람은 많지 않다. 외도는 배우자의 삶을 파괴한다. 배우자의 외도를 경험하면 거의 대부분의 시간을 배우자의 외도에 대한 생각에 빠져 일상의 삶이 불가능할 정도다. '외상 후 스트레스 장애Post Traumatic Stress Disorder, PTSD'를 입기 때문이다. 임무를 마치고 고향으로 돌아온 참전 군인은 소방용 헬기가 날아가는 소리에도 순식간에 전쟁 속 상황으로 빠져든다. 지진으로 무너진 건물 속에 갇혔던 사람은 건물에 들어갈 때마다 지진 당시의 기억 속으로 급속히 빠져들면서 극심한 공포를 경험한다. 외도도 마찬가지다. 외도를 했던 배우자와 연락이 닿지 않으면 그 즉시 배우자가 또 외도를 저지르고 있을 것이라는 생각에 다시 상처에 빠져든다. 외상 후 스트레스 장애의 증상들이다.

외도했던 배우자가 지금 실제로 무엇을 하고 있는지는 중요하지 않다. 그것보다는 '연락이 되지 않는 상황' 그 자체가 배우자를 힘들게 한다. 그 시간에 남편은 회사에서 일을 하거나 봉사활동을 했을 수도 있다. 아내에게 그 사실은 이제 중요하지 않다. 아내는 연락이 되지 않는 남편을 찾으러 차를 몰고 가기도 한다. 이때 남편이 "일하고 있는 사람을 의심하느냐?"고 말하면 아내는 또 자신을 이상한 사람 취급한다며 화를 낸다. "또 그 생각이 올라와서 당신 힘들었지? 미안해"라고 말하면서 위로해주면 비로소 평정심을 찾는다. 외도한 남편이 후회를 하면서 눈물을 흘려도 아내는 남편이 그 여자를 그리워해서 그러는 것이라고 생각할 수 있다. 외도한 배우자는 이런 점까지 세세하게 고려하고 배려해야 한다.

가벼운 바람은 없다

TV에서 어느 유명 개그맨이 "가벼운 바람도 있는데, 아내가 자꾸 예민하게 군다"라고 말하는 걸 본 적이 있다. 부부 사이에 가벼운 외도는 없다. 이는 배우자의 외도 때문에 외상 후 스트레스 장애를 입은 사람의 불안과 두려움이 얼마나 크고 오래가는지 모르기 때문에 하는 말이다.

배우자의 외도를 겪은 사람들은 '일상생활이 지뢰밭을 걷는 기분'이라고 말한다. 외도를 떠올릴 만한 상황이 생기면 아무 생각도 할 수 없다. 이 상처는 하루아침에 무 자르듯이 사라지지 않는다. 상처에서 완전히 벗어난 것처럼 좋았다가도 아주 작은 자극에 불쑥 올라오는 경우도 있다. 외도는 다른 문제보다 부부 사이의 신뢰를 회복하는 데 훨씬 더 많은 시간이 걸린다. 언급했듯이 외도의 유일한 치유법은 외도 당사자가 배우자가 입은 상처의 깊이를 이해하고 부부 사이의 신뢰 회복을 위해 지속적으로 노력하는 것뿐이다.

앞서 말한 외도 후 회복을 위한 세 가지 원칙을 지키기 위해서 부부가 함께해야 할 일이 있다. 먼저 상처를 입은 배우자가 자신의 상처를 표현할 수 있게 도와주어야 한다. 외도 당사자는 배우자를 위로하고 미안한 마음을 지속적으로 표현해야 한다. 배우자가 아프다고, 속상하다고, 화난다고 할 때 표현하지 못하게 막고 듣기 싫어하면 시간이 지날수록 상처는 더 심해진다.

같이 있는 시간도 이전보다 늘려야 한다. 함께 있으면서 불확실성을 줄여주어야 한다. 회식과 약속을 최대한 줄이고 회식 장소의 사진을 찍어 보내거나 동영상을 보낸다. 전화를 잘 받고 받지 못하는 부득이한 경우에는 바로 문자를 보내고 가능한 시간에 통화를 해야 한다. 배우자를 무시하는 사소한 말도 조심해야 한다. 특히 피해 배우자의 신체적인 단점은 절대로 입에 담아서는 안 된다. 살이 쪘다고 한다거나 피부가 안 좋다는 등의 이야기를 하는 순간 배우자는 심각한 자괴감에 빠질 수 있다.

이혼한다고 달라지지 않는다

상처 입은 배우자가 할 수 있는 일은 많지 않다. 상처가 너무 크기 때문에 특히나 외도 사실을 알게 된 초기에는 거의 아무것도 할 수 없다. 하지만 외도 당사자가 진심으로 노력하고 있다면 억지로라도 힘을 내서 자신의 상처에 집중하고 표현해야 한다. 불안과 재발에 대한 두려움 때문에 배우자가 진심어린 노력을 기울이고 있는데도 계속 거부하고 공격하는 것은 바람직하지 않다. 과거 외도 행적을 매우 세세하게 묻거나 또 외도할 것이라고 단정적으로 말하는 등 초지일관 같은 자세도 좋지 않다. 이런 대화가 계속 되다보면 또 다시 싸우게 되고, 외도 당사자도 더 이상 반성하고 위로해주려는 마음을 내보이지 않게 된다. 외도 당사자가 자신의 행위가 잘못되었다는 것을 인정하고 깊은 상처를 준 것에 지속적으로 용서를 구할 때에는 먼저 그 노력을 인정해준 다음 자신의 고통을 표현해야 한다.

외도의 상처는 이혼한다고 해결되지 않는다. 특히 외도는 '지워지지 않는 상처Indelible Imprint'임을 알아야 한다. 외도 부부의 상담은 두 사람의 힘으로 외도의 상처를 치유할 수 있을 때 끝난다.

이만하면 됐지 하는 순간 사랑은 끝난다

30대 초반의 부부가 상담을 신청했다. 남편의 외도 사실이 알려진 후 부부는 자주 크게 싸웠다. 아내가 분노하면 남편도 격하게 분노를 표출했다. TV에서 외도와 연관된 내용이 나오는 날은 부부 싸움을 하는 날이었다. 아내가 외도와 연관된 이야기를 꺼내려 하면 남편은 펄펄 뛰면서 또 그 이야기를 꺼내서 사람을 우습게 만든다며 분개했다. 불현듯 또 다시 분노한 아내가 남편에게 전화를 하면, 남편은 바로 끊어버리든지 받지 않았다. 아내는 곪아가는 상처를 드러낼 수 없어서 더 우울해졌다.

다행스럽게도 부부는 둘 다 관계 개선의 의지가 있었다. 남편은 상담 과정에서 아내가 상처를 많이 표현할수록, 또 자신이 그것을 수용해 줄수록 회복이 빠르다는 것을 이해하게 되었다. 아내의 외상 후 스트레스 장애에 대해서도 알게 됐고 아내가 사소한 자극에도 힘들 수 있다는 사실도 깨달았다.

진심은 통한다

"여기 오기 전에는 아내가 그저 예민한 사람이라고 생각했어요. 아내가 나를 평생 괴롭히겠다고 작정하고 계속 외도 이야기를 꺼내는 것 같았어요. 그래서 아내가 그 이야기를 할 때마다 더 화가 치밀었어요. 그런데 상담을 통해서 아내가 저 때문에 정신적인 장애까지 올 만큼 감당하기 힘든 상처를 받았다는 사실을 알았어요. 어젯밤에도 TV 채널을 돌리다가 불륜을 다룬 드라마를 보게 됐는데, 순간 너무 긴장이 되는 거예요. 아니나 다를까 아내가 화를 내면서 저를 닦달했지요. 바로 무릎을 꿇고 진심으로 미안하다고 했어요. 처음에는 아내가 받아들이지 않더니 제가 계속 마음을 달래주니까 진정이 되더라구요."

남편이 또 말했다.

"사실 TV는 쉬려고 보는 거잖아요. 어떤 내용이든 거리낌 없이 볼 수 있어야 하는데, 제가 아내의 일상을 뺏어갔다는 생각이 들었어요. TV조차 마음놓고 볼 수 없게 만든 것이 미안했어요. 어느 순간부터 아내가 화를 내면 그런 생각이 들더라구요. 마음이 아팠어요. 그래서 용기를 내어 다가갔어요. 그랬더니 아내가 점점 편안해하고 화를 내는 강도가 줄어드는 게 느껴졌어요."

배우자의 아픔을 위로해주고 신뢰를 회복해야 외도로 상처 입은 배우자도 외도 당사자도 예전처럼 일상생활을 누릴 수 있게 된다. 다른 사례를 살펴보자.

60대 후반의 한 부부는 남편의 외도로 10년 가까이 싸우고 있었다. 아내는 아파트에서 뛰어내리고 싶을 정도로 심한 우울증과 격한 분노의 상태를 오가고 있었다. 남편은 아내가 시키는 대로 하기도 하고 협박도 해보고 여러 방법을 써봤지만 소용이 없어 너무 힘들었다. 처음 상담소를 찾았을 때 남편은 화가 잔뜩 나 있었다.

"아내가 미쳐도 단단히 미쳤어요. 남자가 사회생활을 하다보면 그럴 수도 있지 그것도 이해를 못하면 제가 어떻게 사업을 하겠어요? 이제 회사도 못 나가게 하고 어쩌라는 건지 모르겠어요."

자수성가해 중소기업을 탄탄하게 운영하며 아내에게 큰소리치면서 살던 남편은 외도 사실이 발각되면서 하루하루 살얼음판을 걷고 있었다. 아내는 심한 화병을 앓고 있었다. 일상이 무너진 채로 남편을 계속

의심하고 있었다. 남편도 장기간에 걸친 아내의 분노와 우울증 때문에 화가 나 있었다. 부부는 모두 너무 지쳐 있었다. 남편은 처음에 아내가 정신이 이상해진 게 아닌가 생각했다. 평생 순종적이고 목소리도 작던 사람이 포악해지고 말투도 사나워진 것이다. 남편은 그런 아내가 낯설었고 아내의 어떤 말도 들으려 하지 않았다.

배우자가 외도를 하면 분노하고 우울해하는 것이 정상이다. 배우자가 외도를 했는데 아무렇지 않게 일상을 지내는 것이 오히려 온전하지 않은 것이다.

"여기 오기 전에 아내가 미친 줄 알았더니 제가 미친 거였네요. 그동안 동료들이 조언해준 게 전부 틀렸어요. 조언이 아니라 오히려 부부 관계를 망치는 것이었어요. 아내를 자극하지 않으려면 어떻게 하는지 알려주세요. 적극적으로 노력해보겠어요. 10년간 아내가 정말 고통 속에 살아왔네요."

남편은 아내뿐 아니라 자녀들도 부모 때문에 상처 받았다는 사실을 알게 되었다. 남편은 아내가 회복될 때까지 사회활동을 최소한으로 줄이고 함께 시간을 보내면서 지내면서 반성하고 아내를 위로해주겠다고 다짐했다.

"사실 아내의 희생이 컸어요. 제 사업이 이만큼 잘된 것도 아내 덕분이에요. 그런 아내에게 지울 수 없는 상처를 주고는 가볍게 생각했어요. 이제 제가 노력하렵니다."

부부는 3개월 동안 열 번의 상담을 통해서 많이 편안해졌다. 아내도 평생 살면서 지난 3개월이 가장 행복했다고 말했다.

외도를 했어도 진심으로 반성하고 배우자에게 진심으로 다가가면 상처가 상처로 끝나지 않는다. 부부가 서로에게 진실하게 다가가면 많은 사건이 전화위복의 계기가 될 수 있다. 잘못을 숨기고 축소하려고 하면 오히려 수치심과 분노의 감정이 계속되어 문제를 오히려 크게 만든다. 중요한 것은 상처받은 배우자의 아픔에 공감하는 것이다.

"저는 외도를 했어도 조강지처와 가정을 버리지 않을 겁니다. 실수는 했지만 아내를 사랑하는 마음은 변함이 없습니다."

회복에 도움이 될 것이라고 생각하고 하는 이 말들이 얼마나 잘못된 것인지를 알아야 한다. 외도는 그 자체가 이미 사랑에 심각하게 금이 가게 만드는 것이다. 배우자를 버리고 가정을 깨는 행위인 것이다. 피나는 노력만이 부부 관계와 가정의 일상을 회복시켜줄 수 있다.

거울신경과 공감

거울신경은 1990년 이탈리아 파르마대학교 신경생리학 교수인 지아코모 리졸라타Giacomo Rizzolata의 실험실에서 한 연구자에 의해 발견되었다. 연구자가 땅콩과 아이스크림을 먹고 있는데 긴꼬리원숭이의 뇌 활동이 증가되었다. 연구자가 먹고 있는 걸 지켜보고 있던 원숭이의 뇌도 음식을 먹고 있는 것처럼 기능하고 있었다. 바로 거울신경 때문에 일어난 일이었다. 타인의 마음을 알 수 있는 해답은 이렇게 우연히 발견되었다.

거울신경을 통해서 우리는 다른 사람의 몸에 들어간 듯 그의 감정을 그대로 느낄 수 있다. 필자가 많은 부부와 상담을 하면서 그들의 아픔과 고통을 함께 느낄 수 있는 것도 이 거울신경이 있기 때문이다. 거울 신경은 '의도 탐지기 Intention Radar'라고도 불린다.

심리학자 수잔 존슨은 사랑하는 사람에게 공감하지 못하는 세 가지 원인을 밝혔다. 첫 번째는 거울신경이 부족하거나 기능하지 않기 때문이다. 이런 사람들은 일반적인 일 처리는 할 수 있지만 타인과 정서적으로 어울리지 못한다. 특히 정서적 애착관계가 중요한 가족들과 마찰을 빚는 경우가 많다.

두 번째는 스트레스가 정신적 자원을 고갈시키기 때문이다. 스트레스는 인간의 감정을 조절하는 세로토닌 같은 호르몬 분비를 감소시킨다. 부정적인 감정을 유발해 우울증 등 정신 건강에 부정적인 영향을 끼친다. 세 번째는 가장 흔한 이유로, 현재 상황에 집중하지 못해서다. 고통스러운 감정, 예를 들어 두려움에 사로잡히면 타인의 고통을 공감하기 어렵다. 뇌가 자신의 감정을 처리하는 데만 온 정신을 집중하기 때문이다. 부부 사이에 불화가 심해지면 불안이 증가하고 점점 배우자를 비롯한 타인에게 공감하지 못하게 되는 것도 같은 맥락이다.

뇌기능은 변한다. 새로운 경험을 하면 새로운 신경조직이 만들어진다. 같은 자극만 계속 들어오면 같은 패턴만 계속되어 뇌 회로가 변형되지 않는다. 새로운 행동양식으로 패턴이 변하면 새로운 신경조직이 만들어진다. 어느 아내는 남편이 정서에 대해 배우고 이해하면서 태도가 달라지자 "상담을 통해서 남편의 뇌에 새로운 정서회로가 깔리기 시작한 것 같아요"라고 말했다. 아내는 변화를 희망으로 받아들였고 부부 관계도 조금씩 나아졌다. 아내 역시 새로운 경험을 하면서 외로움과 분노가 줄었다. 이처럼 정서적인 소통을 배우고 경험하면 뇌신경에 새로운 회로가 생겨난다.

캘리포니아 대학교 버클리 캠퍼스의 신경과학과 월터 프리만Walter Freeman 교수는 청소년기에 사랑을 충분히 주고받으면 뇌 속의 신경과 회로가 급격히 발달한다고 한다. 또 신경 재조직이 대대적으로 나타나는 두 가지 중요한 사건이 있는데, 하나는 연인과 사랑에 빠졌을 때이고 다른 하나는 부모가 될 때라고 한다. 이때 신경세포 간의 연결을 효과적으로 강화시키거나 소멸시키는 '신경조절자'의 역할을 하는 호르몬이 바로 행복 호르몬으로 불리는 옥시토신이다.

바둑을 생각해보자. 내 것만 보면서 바둑을 두면 패하고 만다. 상대방의 의도를 읽고 그에 적절하게 반응해야 한다. 인간의 뇌도 서로를 보고 살피고 이해하면서 발전한다.

PART 4

사랑한다고 마음까지 다 알 것이라는 착각은 버려라

가정에서 일어나는 많은 문제는

감정 즉 '정서'를 알면 대부분 해결할 수 있다.

가족은 대부분 핏줄로 이어진 관계지만

그 중심이 되는 부부는 마음의 고리인 심연心聯으로 연결되어 있다.

따라서 부부가 서로의 마음을 이해하지 못하면 가정의 중심이 흐트러진다.

톨스토이는 인생의 의미가 행복을 찾는 데 있다고 했다.

멀리서 찾지 말고 곁에 있는 배우자에게서 행복의 열쇠를 찾아보자.

정서를 어루만져주면 부부의 사랑이 되살아난다

사랑의 핵심은 정서

심리학자 수잔 존슨은 사랑을 구성하는 핵심 요소를 '강한 정서'라고 말했다. 사랑하는 사람을 생각하면 설레고 흥분되고 희열과 기쁨이 넘쳐난다. 이런 강한 정서 덕분에 두 사람은 어떤 장애물이 닥쳐와도 해결해나갈 수 있다는 자신감을 얻는다. 사랑을 주고받으면 삶이 가치 있게 느껴지고 생활에 활력이 넘치며 주변 자극에 너그러워진다. 힘든 상황이라도 극복해낼 수 있는 복원력도 강해진다. 사랑의 힘은 이처럼 강하고 긍정적이다.

갈등을 구성하는 핵심 요소도 강한 정서다. 불화가 생기면 부부는 강한 부정적인 정서에 휘말린다. 사소한 문제가 끼어들어도 갈등이 증폭된다. 사랑받지 못한다는 느낌만큼 인간을 비참하게 만드는 것은 없다. 식욕도 없고 잠도 이룰 수 없다. 다른 사람과 만나는 것도 싫다. 자신이 하고 있는 일상적인 일들이 무가치하게 느껴지고 자신감이 떨어진다. 삶의 낙이 사라진다. 이렇듯 부부의 사랑도 부부의 불화도 핵심은 '정서'이다. 정서적 친밀감이 곧 부부의 사랑이고, 정서적 단절이 곧 부부의 불화다.

"어떤 난관이 찾아와도 이 사람과는 평생을 함께할 수 있을 것이라 생각했어요. 저 사람이 제 편이라는 안도감이 저를 살맛나게 만들었어요. 그런데 이제는 남편이 완전히 남 같아요. 사소한 일에도 서로 공격하면서 서로에게 상처를 줘요. 우리의 사랑은 어디로 사라진 걸까요?"

정서를 이해받으면 큰 고통도 참아낼 수 있지만, 그렇지 못하면 작은 일에도 분노하게 된다. 정서적으로 소통이 되지 않는 사람과 함께하는 일 분 일 초가 고통이다. 정서적인 친밀감이 없으면 문제는 해결되지 않는다. 정서는 이처럼 강력한 힘을 가지고 있다. 정서를 무시하고 다른 것을 먼저 해결하려다가는 오히려 갈등이 더 심해진다. 그러니 갈등이 생기면 우선 배우자의 감정부터 어루만지려는 태도가 필요하다.

부부 감정 사용법

"시댁 잘 챙기고 경제적으로 안정되고 아이들이 공부 잘하면 절로 행복해질 줄 알았어요. 아마 남편도 그랬을 거예요. 그래서 저는 우리 부부보다는 시부모님, 돈 버는 일, 아이들 성적에 더 신경을 썼어요. 그리고 다 만족할 만큼 잘했구요. 그런데 우리 부부는 싸우고 있어요. 불편하고 부정적인 기류만 흘러다니는 넓은 아파트도 답답하기만 해요. 함께 있는 시간이 숨이 막혀요. 더 이상 시댁에 잘하기도 싫고, 돈이 많으면 뭘 하나 싶어요. 아이들에게도 짜증이 나요. 남들은 술도 마시지 않고 외도를 하는 것도 아니고 성실한 남편인데 왜 그러냐면서 저를 이해 못하겠대요. 밖에서 보면 남편처럼 착한 사람이 없거든요. 하지만 우린 서로 어떤 마음도 나누지 않아요. 제가 힘들고 우울하다고 해도 남편은 듣는 둥 마는 둥 해요. 차라리 나쁜 사람이면 주변 사람이라도 저를 위로해줄 텐데 그러지도 못하고 답답해요."

반면에 남편은 아내가 자신을 무시하고 경멸한다고 생각했다. 자기가 잘한 것은 보지 않고 잘못한 것만 말하는 것도 싫었다. 모두가 선망하는 직업에 경제적으로도 안정되어서 주변에서는 다들 부러워했지만 정작 부부는 고통스러웠다. 부부의 정서적 단절이 이 부부를 이렇게 만든 것이다.

아내는 '감정'을 말하며 "아프다"고 하고, 남편은 '이성'적으로 자신이 "잘못이 없다"고 말한다. 아내는 이해를 바라는데, 남편은 어떻게 해결해야 할지 고민한다. 아내는 "그랬구나"라는 한마디 말이면 족한데, 남편은 "내가 뭘 그렇게 잘못했어?"라고 말한다. 부부가 서로 다른 말을 하고 있다는 것이다. 아내는 '남편이 내 마음을 알게 되면 화를 내지 않을 것'이라고 생각하고, 남편은 '아내가 화를 내지 않으면 다가갈 수 있다'고 생각한다. 아내가 말을 하지 않으면 남편은 아무 일 없는 듯이 평온하게 지낸다. 아내 마음속에서 핵폭탄이 제조되고 있다는 사실을 남편은 알지 못한다. 이렇게 정서적인 단절은 부부의 삶을 황폐화시킨다.

핵심은 한 가지다

"아내는 잘못한 것 한 가지 가지고 나를 몰아세워요. 그러면 내가 열심히 이룬 아홉 가지는 모두 공중에 날아가버려요. 완벽한 사람은 없잖아요. 어떻게 열 가지를 다 잘할 수 있겠어요. 아내는 제가 잘못한 그 한 가지만 가지고 맨날 물고 늘어지고 화를 냅니다. 내가 너무 잘해주니까 잘하는 건 당연하게 생각하고, 못하는 것만 크게 생각하는 거죠.

아내를 생각하면 오늘은 또 뭘 가지고 트집 잡을까 긴장돼요. 뭘 해도 불만인 아내 때문에 사는 재미가 없어요."

"사실 아홉 가지도 다 잘하는 건 아니지만 그렇다 쳐요. 남편이 한 가지라고 말하는 그 하나가 얼마나 큰 것인지 남편은 몰라요. 그게 우리 가정의 뿌리를 흔들어대는 건데도요. 아내와 자식을 소중하게 여기지 않고 밖으로만 도는 것이 어디 간단한 문제인가요? 바깥사람들 말만 듣고 제 말은 전혀 듣지를 않아요. 남편이 그럭저럭 돈도 잘 벌고, 아이들과 한 번씩 놀아주기도 하고, 설거지도 가끔 해요. 하지만 동창회나 친구 모임에만 갔다 오면 가족들을 쥐 잡듯이 잡아요. 어느 날은 남편이 그래요. 자기 동창들이 저를 만나서 마음을 풀어주겠다고 했다는 거예요. 남편이 제 마음을 풀어줘야지 왜 남편 친구들이 우리 부부 일에 끼어들어요? 그러면서 남편은 자기가 하나만 잘못하고 있다고 생각해요."

남편도 아내도 부정적인 감정이 쌓여만 간다. 서로 배우자가 먼저 이런 답답한 '마음'을 알아주기를 원한다. 남편은 자신이 노력한 아홉 가지를 알아주기를 바라고, 아내는 남편과 소통하고 자신이 남편에게 우선순위가 되기를 바란다. 각자의 속사정이 다른 셈이다. 그러나 핵심은 하나다. 서로의 마음을 먼저 들여다보는 것이다. 자신이 남편에게 소중한 존재라고 느끼면, 아내는 남편이 노력하는 아홉 가지를 감사하고 소중하게 생각한다. 때에 따라서는 하나만 잘하고 아홉 가지 못한 것에 대해 미안한 마음만 잘 전달되어도 부부 사이의 불화를 없앨 수 있다. 배우자의 서운한 마음만 알아줘도 부부는 행복할 수 있는 것이다.

남자는 Doing, 여자는 Feeling

관계를 움직이는 '정서'

정서를 뜻하는 emotion의 어원은 라틴어 'emovere'로, '움직이게 하다, 휘젓다'라는 의미이다. 정서가 강한 동기를 유발해 어떤 행동을 하게 한다는 것으로 해석할 수 있다.

우리는 누군가에게 긍정적인 정서를 느끼면, 그(녀)의 마음에 들게 행동한다. 반대로 부정적인 정서를 느끼면 그 사람을 피하거나 심지어 그 사람을 불편하게 만들기 위해 의도적으로 어떤 행동을 하기도 한다. 정서가 관계의 방향과 질을 결정하는 것이다.

반대로 관계가 정서를 만들기도 한다. 사람을 변화시키는 것은 옳은 말이 아니라 긍정적인 관계이다. 좋은 추억과 나쁜 추억은 당시의 정서적 상태에 따라 결정된다. 근사한 장소가 좋은 추억을 만들어주는 것은 아니라는 뜻이다. 아름다운 명소에 여행을 다녀왔어도 당시의 정서적 상태가 부정적이면 좋은 추억이 될 수가 없다.

매사추세츠 대학교의 심리학과 에드 트로닉Ed Tronick 교수는 "인간은 서로 협력할 때 정서적 안정감을 회복할 수 있다"고 했다. 부정적인 감정은 혼자 처리하기 힘들고 다른 사람과 함께 나눌 때 비로소 해소된다는 뜻이다. 행복심리학의 대가인 에드 디너Ed Dinner 일리노이 대학교 교수는 '행복의 요체는 관계'라고 했다. 행복은 관계에서 나온다는 것이다. 행복감은 물론 우울, 분노 등의 감정도 대부분 소중한 관계로부터 나온다. 소중한 관계와 정서적으로 단절되거나 문제가 생기면 우울감과 두려움이 발생한다. 반대로 자신을 이해해주는 사람이 있으면 우울감과 고립감에서 벗어나는 데 큰 힘을 받을 수 있다.

정서는 생존의 문제

정서는 생존을 위해 중요한 것이 무엇인지 알려주는 역할도 한다.

정서는 위험할 때 누구에게 달려가야 생존에 유리할지 알려준다. 위험한 순간에 도망을 가야 할지, 싸워야 할지 정서가 결정한다. 밤길을 걷다가 이상한 물체를 만나면 두려움의 정서가 위험을 알려주어 도망가게 한다. 우리는 이성이 작동하기도 전에 순간적으로 판단해서 행동해야 할 때가 있다. 건물이 흔들리면 망설이지 않고 즉시 뛰기 시작하는 것은 죽음의 공포가 밀려오기 때문이다. 이성적으로 위험한지 아닌지를 골똘히 생각하다보면 생존이 위험에 처할 수 있다.

이처럼 강렬하고 즉각적인 것만이 '정서'는 아니다. 관계를 부드럽게 만들거나 딱딱하게 만드는 것에도 정서의 영향이 크다. 예를 들어 상대가 지금 어떤 상태인지 살피고 그에 적절하게 위로를 하거나 안아주면 관계는 더없이 좋아진다. 관계를 발전시키고 싶다면 정서를 잘 고려해야 한다.

그런데 관계는 누군가 한 사람이 일방적으로 끌고 가면 고통이 된다. 분노와 강요로는 관계를 회복할 수 없다. 부부는 함께 조화를 이루며 살아가는 공동체다. 사랑의 말도, 위로도, 감사도 서로 주고받아야 한다. 상대의 부족한 부분을 지적하고 비난하여 배우자를 두려움과 불안에 빠뜨리면, 그 부족한 부분은 더 해결하기 어려워진다. 자신의 불안과 두려움의 감정을 처리하는 데 에너지를 집중하기 때문이다.

사람은 위로와 지지를 받을 때 비로소 타인의 감정도 볼 수 있고 주변 사람에게도 너그럽게 대할 수 있다. 정서가 풀어져야 비로소 상대방이 원하는 욕구를 채워줄 수 있다. 서로의 감정을 알고 이해하면 관계가 회복된다. 서로 잘잘못을 밝히는 것이 아니라 정서가 풀어져야 문제가 해결되는 것이다.

눈치 보는 남편의 속사정

가정에서 남자는 일반적으로 감정과 덜 결부된 일들을 처리하고 아내는 정서적인 문제와 관련된 역할이 주어진다. 그래서 대부분 남편들은 정서를 잘 모르고 여자들은 정서에 익숙하다. 오늘도 남편은 '뭔가를 하려고' 하고 아내는 가족의 '정서를 살핀다'. 정서를 돌아보는 데 서툰 남편은 아내가 우울해하거나 화가 나 있으면 조용히 설거지를 하거나 청소기를 돌린다.

경수 씨는 휴일날 아내가 몸이 안 좋다며 누워 있기에 아내의 눈치를 보며 설거지도 하고 아이를 챙겼다. 아내와 아이를 위해 최선을 다한 것이다. 그런데 이렇게 하루 종일 가족을 위해 무언가를 한 남편을 향하는 미경 씨의 시선이 곱지가 않다. 아내는 아파서 누워 있는 자기에게 남편이 다가와 관심을 기울여주기를 원했다. 잔소리가 듣기 싫어서 설거지를 하고 아이를 돌보는 것 말고 남편이 자기 마음을 위로해주면서 곁에 있기를 바랐다.

남편은 화가 난다. 자기가 한 일들은 죄다 무시하고 퉁명스러운 말만 내뱉는 아내가 보기 싫다. 집안에 불편한 기류가 흐르고 남편은 자기 방으로 들어가버린다.

부부는 상담을 받으며 그날 자신들에게 무슨 일이 벌어졌는지 깨달았다. 서로가 서로를 위해서 뭔가를 하려고 했다는 사실을 알고는 부부의 대화가 바뀌었다.

"내가 힘들어할 것 같아서 설거지를 하고 아이를 돌봤다고 하니 힘이 나고 위로가 돼. 이렇게 당신 마음을 먼저 보여주면 좋겠어. 오늘 당신이 속마음을 표현하는 것이 익숙하지 않다는 것을 알았어. 당신이 뭔가를 했을 때 나도 긍정적인 면을 보고 부드럽게 말하도록 해볼게."

"당신의 감정을 먼저 이해하는 것이 중요하다는 것을 알았어. 나는 내가 뭔가를 해주면 해결이 될 줄 알았어. 나도 당신에게 다가가도록 노력할게. 이제라도 당신이 내가 한 일을 인정해주니까 마음이 편안해. 당신이 내가 한 일은 안 보고 화부터 내서 나도 짜증이 났어. 그럴 때면 더 숨게 돼. 지금처럼 내가 한 일을 먼저 인정해주면 힘이 나."

오늘도 많은 가정에서 이런 일이 벌어지고 있다. 남편은 먼저 일을 하고 아내의 반응을 살핀다. 그러나 아내는 설거지에 담겨 있는 감정적인 요소가 더 중요하다. 남자는 일Doing, 여자는 감정Feeling이 우선이기 때문이다.

모든 남성과 여성이 그런 것은 아니지만 유전학적으로 남성은 오랫동안 정서의 기본 감정인 '공감'을 버리는 선택을 해왔다. 사냥을 나갔을 때 눈앞의 사냥감에게 공감해버리면 가족들은 굶을 수밖에 없기 때문이다. 반면에 여성의 공감 능력은 시간이 갈수록 더해졌다. 가족들이 배가 고픈지, 어디가 아픈 것은 아닌지 끊임없이 보살펴야 했던 것이다.

부부 갈등의 원인을 유전학적 차이에서 찾자는 말이 아니다. 일반적으로 남녀 사이에 정서의 차이는 존재하지만 그것을 극복하는 것이 어려운 일은 아니라는 이야기를 하려는 것이다. 조금 더 배우자의 감정에 공감하려는 노력만 해도 많은 문제들이 해결된다. 표면적인 현상만 보지 말고 상대가 우선시하는 게 무엇인지 들여다보자.

마음을 알면 관계는 풀린다

부부 상담 중 개인 상담을 진행하면 남편들은 대개 어서 해결책을 달라고 요구한다. 하지만 먼저 아내의 감정을 풀어주지 않고 뭔가를 섣불리 시도했다가는 오히려 관계를 악화시킬 수도 있다. 어떤 사람들은 아내에게 비싼 선물을 사주거나 무조건 잘못했다고 말하라고 조언하기도 한다. 강하게 나가야 아내가 잠잠해진다거나 성관계가 해결의 열쇠라고 말하는 사람도 있다. 하지만 이러한 조언들은 오히려 부부에게 상처가 될 수 있다.

우울한 아내에게 해결책만 제시하는 남편이 있다. 밖에 나가서 사람도 만나고 운동도 하라고 한다. 하지만 우울한 아내에게는 먼저 자신에게 공감해줄 사람이 필요하다. 그러므로 해결책을 제시하기보다 아내 곁에 함께 있어주는 것이 먼저다. 우울한 감정이 풀어져야 사람도 만나고 운동할 힘도 얻는다. 이처럼 먼저 부부 사이에 정서가 교류되어야 결혼생활에서 발생하는 크고 작은 많은 문제들을 함께 풀어갈 수 있다.

사려 깊게 보지 않으면 보이지 않는 것

아내 동숙 씨는 무겁고 슬픈 분위기의 가정에서 자라서 부정적인 감정을 표현하는 데 익숙했다. 동숙 씨 집에서는 문제가 생기면 가족끼리 상의하긴 했지만 늘 무거운 분위기가 흘렀다. 남편 재성 씨의 가정은 밝고 가벼운 분위기였다. 문제가 생겨도 가족 중 누군가 바로 화제를 바꿔서 밝은 분위기를 연출했다. 그래서 시댁 식구들은 낙천적이었지만 어려운 문제가 생기면 다들 버거워했다. 겉에서 보면 시댁은 화목하고 처가는 침울해 보인다.

이런 두 사람이 결혼을 하면서 문제가 생겼다. 남편과 시댁 식구들은 동숙 씨가 있으면 힘들어했다. 좋은 게 좋은 건데, 뭐 하나 그냥 넘어가지 못하고 사사건건 드러내어 가족을 고통에 빠뜨리는 동숙 씨를 이해할 수 없었다.

동숙 씨는 분명 문제가 있는데도 그냥 넘겨버리려는 남편의 태도가 이해되지 않는다. 심지어 아들이 언어발달이 지연되고 있다는데도 내버려두라고 한다. 돈 문제도 덮어버리고, 아내에게 이해만 강요하고 입을 닫아버리는 남편을 이해할 수가 없다. 힘들다고 이야기해도 남편은 긍정적으로 생각하라고만 하니 답답하다. 아내는 점점 우울해져갔다.

남편은 우울한 감정에서 벗어나지 못하는 아내를 비난했다. 아내는 남편과 똑같은 시선을 보내는 시댁 식구를 만나기가 두려워졌다. 남편은 아내가 부담스러워졌고, 아내는 남편이 싫어졌다. 남편은 아내에게 마음의 병이 있어서 긍정적인 생각은 하지 못하고 부정적인 생각만 한다고 생각했다.

부부는 평생 다른 세계에서 살아왔다

평생을 다른 세계에서 살다가 부부라는 이름으로 같이 살게 되었다고 해서 모든 것을 이해할 수는 없다. 특히 서로의 가족에 대한 문제는 아주 작은 것도 그냥 넘어가기 어렵다. 그래서 자신을 내세우기보다 상대의 입장에 공감하는 자세가 필요하다.

부부 상담을 통해서 동숙 씨 부부는 서로 다른 성장배경이 서로를 힘들게 했다는 사실을 이해해갔다. 남편이 자란 가정은 밝고 쾌활한 것이 장점이기도 했지만 그것이 문제를 드러내기 어렵게 하기도 했다. 아내가 자란 가정은 이야기를 쉽게 꺼낼 수 있는 장점도 있었지만 서로를 격려하거나 지지해주지 못한다는 단점이 있었다. 시댁과 처가가 모두 장단점이 있는데, 부부 사이에 갈등이 심해지면 나와 다른 배우자의 가정 문화가 도무지 이해할 수 없는, 괴이한 것으로만 보인다.

아내는 점차 남편을 지지하는 표현을 늘리기 시작했다. 남편은 문제가 생길 때마다 용기를 내어서 아내에게 다가갔고, 여러 가지 감정을 솔직하게 표현하려고 노력했다. 점차 동숙 씨 부부만의 새로운 가정 문화가 만들어졌다. 부부가 마음을 합치니 단점이 장점으로 보이기 시작했다. 점점 양쪽 집안의 장점이 강화되었다.

"남편이 저를 보는 시선이 바뀌었어요. 저를 부정적인 사람으로 딱 고정시켜 놓고 제가 어떤 말을 해도 피해버리고 입을 닫던 남편이 지금은 먼저 저에게 다가와요. 오늘은 출근하면서 아침 챙겨줘서 고맙다더라구요. 그 한마디의 말에 하루 종일 즐거운 마음으로 지낼 수 있었어요. 어릴 때에도 이런 따뜻한 말을 듣지 못했고, 남편도 결혼하고 나서는 이런 말을 한 적이 거의 없어요. 요즘처럼 편안한 마음으로 살아본 적이 없어요. 남편에게 고맙네요. 남편이 제 마음을 알아주니 힘든 일이 없어요. TV 볼 때만 웃던 남편이 이제는 저를 보고도 웃어요. 로봇

같던 남편이 사람이 되어가는 느낌이 들어요."

아내는 말을 하면서 가슴이 벅차올랐다. 정서를 이해하지 못했던 남편이 자신과 가족들을 위해 노력해주는 것이 감사했다.

"제 말이 남편에게 부담이 됐겠다는 생각이 들어요. 이전에는 아무 설명도 없이 저를 피하기만 해서 화가 났었는데, 양쪽 집안의 다른 분위기를 이해하고 나니 남편 역시 저처럼 결혼생활이 힘들었겠다 싶어요. 미안하네요."

감정이 풀어지면 관계는 좋아진다. 배우자를 사려 깊게 살펴보고 배우자의 마음을 이해해주려고 노력하다 보면 부부 관계에도 긍정적인 순환이 일어난다. 상대가 좋은 모습으로 변하고 있다는 사실 자체가 동기가 되어 더 좋은 행동을 유발하기 때문이다. 시작은 어렵더라도 조금만 노력해보자. 부부의 사랑에는 한계가 없다.

누구나 상처는 있다

인간은 누구나 상처를 받는다. 살면서 겪게 되는 크고 작은 상처는 쉽게 극복되기도 하지만 어떤 상처는 끝내 사라지지 않고 사람을 심각한 고통에 빠뜨린다.

심리학자 수잔 존슨은 과거 혹은 현재의 관계에서 애착욕구가 반복적으로 무시되고 거부당해서 생긴 상처를 '원상처Raw Spot'라고 이름 붙이고, 원상처가 자극을 받으면 극도로 예민해지고 정서적 박탈감과 버려진 느낌을 받는다고 했다.

부부 갈등도 배우자의 원상처 때문에 생기는 경우가 많다. 다음 사례를 살펴 보자.

기억 저편에 남은 상처의 문제

아내 은수 씨는 여행 때문에 기분이 들뜨기도 했지만 한편으로 걱정도 돼서 남편 상호 씨에게 이런저런 이야기를 했다. 지난번처럼 이번에도 남편의 고등학교 동창 부부 네 쌍과 함께 가는 여행이었다. 은수 씨가 부탁을 했다.

"지난번처럼 밤새 친구들과 술을 마시지 말고 이번에는 가족과 함께 시간을 보내주면 좋겠어."

상호 씨 얼굴이 굳어졌다. 이 이야기를 몇 차례 들었는지 모른다. 기분 좋게 떠난 여행길에서 그 이야기를 다시 꺼내는 아내가 정말이지 짜증이 난다.

"그만 좀 해! 알았다니까 왜 또 시작이야."

순간 아내 은수 씨는 분노가 치밀었다.

"밤에 당신이 들어오지 않으면 불안하다고 몇 번을 말했어. 이번 여행 때도 당신 술 마시고 친구들과 밤새우려는 생각이잖아. 나 이 여행 가기 싫어. 내려줘!"

이런 순간이 오면 부부는 너무 고통스러워했다. 결국 좋지 않은 분위기에서 여행을 보내고 부부가 상담을 의뢰했다.

원상처가 자극을 받으면 순식간에 대화의 기류가 변하고 자신도 놀랄 만큼 큰 반응이 일어난다. 은수 씨에게도 원상처가 있었다. 어릴 때 어머니가 시장에 가면 술을 마시고 친구들과 어울리느라 밤이 늦도록 소식이 없었다. 아버지는 일찍 돌아가셨고 동생과 함께 어머니를 기다리던 그 시간이 은수 씨에게는 너무나 길게 느껴졌다. 한 번씩 어머니가 술을 마시느라 약속한 시간에 들어오지 않으면 영영 오지 않을까봐 두려움이 엄습했다. 버림 받을까봐 무서웠다.

이런 일이 반복되면서 어머니가 저녁에 나간다고 하면 공포가 밀려왔다. 친구와 연락이 되지 않아도 가슴이 두근두근했다. 기다리는 것이 얼마나 고통스러운지를 알기 때문에 약속 시간을 지키는 것은 은수 씨에게 큰일이 되었다. 늦지 않으려고 전날 미리 약속 장소에 찾아가 시간을 가늠해보기도 했다. 아들과 남편이 들어와야 할 시간에 들어오지 않으면 불안하고 화가 났다.

보이지 않는 상처까지 보듬어야 한다

부모에게 상처를 받으면 자녀는 부모가 자신을 싫어하고 귀찮아 한다고 생각한다. 부모가 그 상처를 무시하면 자신의 감정과 생각이 소중하지 않다고 느낀다. 그래서 자기 생각과 감정을 직접 표현하면 거절당할까 두려워 삼자 입장에서 자신의 감정에 대해 말한다.

은수 씨 역시 상담 초기에는 자신의 감정을 드러내기 어려워했고 남편에 대한 상처를 드러낼 때도 강한 분노로만 표현했다. 여행 가는 차 안에서 은수 씨의 원상처가 작동했다. 남편이 자신을 거부하고 기다리게 하는 상황을 생각하니 어머니로부터 받은 두려움이 작동한 것이다.

"저희 엄마가 그랬듯이 남편이 시간을 지키지 않거나 저를 거부한다는 느낌이 들면 분노가 올라와요. 심지어 낯선 곳에서 거부당할 것 같은 불길함에 너무 힘들었어요. 남편은 제가 힘들다고 해도 저를 봐주지 않아요. 사실 저도 저의 이런 감정을 멀리 떠나보내고 싶어요. 초등학교 때 생각에 머물러 있는 저를 보면 제 자신이 한심스러워서 누구에게도 쉽게 말을 꺼내기 힘들어요."

남편은 아내의 원상처를 몰랐을 때는 자신을 비난하고 공격하는 아내만 보였다. 아내의 정서에 대해 이해가 생기자 자기에게 위로받고 싶어하는 아내가 보였고 그 아픔을 위로할 수 있었다. 아내는 자신의 상처를 보듬어주는 남편에게 기댈 수 있게 되었다.

과거 애착대상의 거부로 생긴 원상처는 지금의 애착관계가 회복되면 치유가 된다. 아내의 갑작스러운 분노에 당황했던 남편이 말했다.

"당신의 상처를 알게 되니까 내가 보호해줘야겠다는 마음이 생겨. 나를 공격한다고 느꼈을 때는 당신을 피하고만 싶었거든. 지금은 당신이 피해야 할 사람이 아니라 내가 다가가서 위로해줘야 할 사람인 것을 알겠어. 그동안 내가 잘못했어."

부부도 원상처가 될 수 있다

부모 자식 사이뿐 아니라 부부 사이에도 원상처가 생길 수 있다. 예를 들어 배우자의 외도와 폭력으로 입은 상처를 치유하지 않으면 이 상처는 추후에 원상처가 된다. 또 배우자가 고통받는 자신을 비난하거나 외면하면 더 큰 상처를 입는다. 이런 상처 역시 치유되지 않은 채 시간이 흐르면 원상처가 되기도 한다. 또 동숙 씨 부부처럼 어릴 때 생긴 상처를 배우자가 감싸주지 않고 오히려 비난하거나 모욕감을 주면 원상처가 더욱 깊어지기도 한다. 즉 원상처는 애착대상의 위로가 필요한 시기에 애착대상에게 외면당하면 생기는 것이다.

치유를 위해서는 무엇보다도 배우자에게 원상처가 있다는 사실을 알아채는 것이 중요하다. 원상처가 부부 관계에 영향을 끼치고 있다는 사실조차 모르고 살아가는 부부가 많다. 부부가 부정적인 대화방식에서 빠져나오지 못하고 있다면 가장 먼저 원상처가 있는지 살펴보고 원상처의 고통을 처리해야 한다.

나 자신에 대해서도 마찬가지다. 자신의 원상처를 알고 적극적으로 배우자에게 표현해야 한다. 표현하지 않으면 배우자가 아무리 사려 깊은 사람이라도 알아채기 어렵다.

배우자에게 원상처가 있다는 사실을 알게 되면 우선 배우자에게 공감해주어야 한다. 상우 씨가 은수 씨의 원상처를 알고부터 부부 관계는 훨씬 편안해졌다. 아내가 화를 내는 것이 자신을 공격하는 것이 아니라 아파하는 것임을 알게 되자 상수 씨 마음이 달라졌다. 아내에게 다가갈 수 있는 마음의 여유가 생겼다.

원상처가 해결되지 않으면 서로에게 한 발 나아가기가 그렇게 어렵다. 원상처는 절대 비난해서는 안 된다. "당신 부모가 당신에게 준 상처 때문에 왜 내가 고통을 받아야 돼?"라는 말은 사태를 악화시킬 뿐 아니라 배우자의 원상처를 덧나게 한다.

회복되지 않은 원상처는 심각한 상황으로까지 번지는 경우가 있다. 원상처는 강한 정서적 반응을 불러일으키기 때문이다. 그러나 어떤 상처도 진심으로 공감하고 위로해주면 조금씩 치유된다는 사실을 잊어서는 안 된다.

저마다 회복 속도는 다르다. '내가 이만큼 해줬으니 이제 됐겠지?'라는 속단은 금물이다. 과정의 고통을 이겨내면 좋은 결과가 있다. 상처를 치유하는 과정은 어렵고 고통스럽지만 이겨내면 여생이 행복해진다.

부부도
함께
성장할 수
있다

"남편이 부부 갈등을 해결해보려는 노력을 이제는 하고 싶지 않다고 해요. 지금 자신의 감정이 중요하다며 더 이상 결혼생활을 유지하고 싶지 않대요. 그러고는 집을 나가서 원룸을 구하더니 이혼하자고 통보해 왔어요. 아이들도 있는데 정말 무책임해요."

갈등은 피한다고 해결되지 않는다

정서의 문제는 '관계'에서 나오고 관계를 통해서만 해결될 수 있다.

그런데 상담을 진행하다보면 이런 점을 간과하고 무조건 회피하려는 내담자들이 많다.

정서 중심적 부부치료 모델을 만든 수잔 존슨은 '성장은 소중한 사람과 함께하는 과정에서 생기는 것'이라고 했다. 살아 있는 동안 인간은 계속 성장한다. 정서적인 경험을 하면서 성장하는 것은 아이만이 아니다. 인간은 성인이 되어서도 소중한 관계를 통해 성숙해진다. 사람들과 관계를 맺고 살다보면 크고 작은 갈등, 부정적인 일들이 생길 수밖에 없는데, 그런 일들을 함께 풀어가는 과정에서 성숙해지는 것이다.

갈등은 회피한다고 줄어들지 않으며 소통하며 풀어낸다면 유익한 경험이 될 수 있다. 이런 측면에서 보았을 때, 개인의 감정을 중요시하며 갈등 상황이 오면 무조건 회피하라고 조언하는 최근 풍조에 대해서 우려하지 않을 수 없다.

차이를 통해 성장한다

성악을 하는 남편이 부부 불화로 아내와 상담을 받았다. 남편은 교수로서 인정을 받고 있었지만 제자와의 외도로 부부가 고통스러운 하루하루를 살고 있었다. 남편은 죄책감을 느꼈고, 아내는 분노와 허탈감을 강하게 표출하고 있었다. 삶이 정체되었다는 생각을 지울 수 없었다. 남편은 노래를 할 때는 감정이 살아 있음을 느꼈지만 아내와의 관계에서는 그런 경험을 하지 못했다. 그런데 그는 상담을 통해서 자신이 쾌락과 즐거운 감정만을 추구하고 있었다는 것을 알았다. 부부 간의 교감이 부족하자 극단적인 감정을 추구하게 된 것이다.

"외도 후 남편 앞에서 그 여자를 비난했더니 남편은 그 여자가 아니라 자신이 나쁜 사람이라고 했어요. 그 말이 제게 큰 상처가 되는 줄 남편은 몰라요. 자신을 나쁜 사람으로 만드는 게 결국은 그 여자 편 드는 것 아닌가요? 나와 남편이 한편이어야 이 문제를 풀어갈 수 있는데, 남편은 여전히 그 여자 편인 것 같아 화가 났어요. 상담을 하면서 남편이 이런 제 감정을 이해하니 이제 저와 한편이 되는 느낌이 살아나요. 화도 덜 나고 제 마음이 안정되어 갑니다. 이번 상담을 계기로 남편의 성향도 많이 이해하게 되었어요. 남편이 다른 사람이 된 것 같아요. 예전에는 문제가 있으면 피하기만 했는데 이제는 용기를 내어 다가와요."

"아내와 대화를 하면서 억눌렸던 제 감정도 살아나는 느낌이에요. 전보다 다양한 감정을 느끼고 표현하게 되었어요. 가끔 아내와 이야기를 하다보면 전율이 느껴지면서 눈물이 나요. 제 잘못을 생각하면 아내가 이혼을 요구할 수도 있었을 텐데 기회를 주어서 고마워요. 아내와 이야기를 할 때마다 뭔가가 채워져요. 꽉 찬 느낌이 하루 종일 지속됩니다. 이전처럼 쾌락을 찾아가지 않아도 돼요. 그 쾌락 속에서는 이런 행복을 한 번도 느끼지 못했어요."

인간은 소중한 사람과 정서적으로 깊이 연결될 때 성장한다. 나에게 소중한 사람이 다가와서 안아주면 우울, 분노, 짜증 등 부정적인 정서에서 벗어나 성장의 동력을 갖게 된다. 관계가 안정될 때 개인은 정보를 긍정적으로 처리하고 인내심이 늘어나 상대방의 입장을 더 많이 고려하게 된다.

가족치료의 권위자인 버지니아 사티어Virginia Satir는 "사람은 서로의 공통점 때문에 친해지고 차이점 때문에 성장한다"고 했다. 차이를 극복하지 못하면 성숙할 수 있는 기회를 놓치게 된다.

부부의 문제는 가족의 문제다

부부 사이에 정서적 교감이 제대로 이루어지지 않으면 부부의 문제는 가족 전체의 문제로 발전된다. 일종의 전염병과도 같은 것이다. 부모 사이가 좋지 않으면 자녀 역시 자신의 감정을 제대로 표현하기 어려워진다. 자녀가 억울한 감정을 표현할 수 없을 때, 그것을 표출하기 위해 비행을 저지를 수 있고 심각한 우울증을 앓을 수도 있다. 정서는 에너지를 갖고 있어서 어딘가에 사용되어야 사라진다. 화를 말로 표현할 수 없게 억누르면 걷잡을 수 없는 방향으로 튄다. 자신의 감정을 표현할 수 있을 때 사춘기도 탈 없이 보내고 건강한 사람으로 성장할 수 있다.

부부 문제는 가족의 문제

가족치료 분야의 두 대가 사티어와 칼 휘태커Carl Whitaker의 경험주의적 가족치료 모델은 개인의 경험을 소중하게 생각한다. 특히 개인의 '정서적 경험'을 중요하게 다룬다. 가족의 희로애락의 감정을 인정해줌으로써 행복은 더해지고 불행은 사라진다는 것이다. 최근에 자녀의 '정서 지능'을 높이는 양육법이 강조되고 있는데, 이는 부모와 자녀가 많은 정서 경험을 공유해야 한다는 것이다.

희로애락을 표현할 수 있는 가정에서 자란 자녀는 정서적으로 건강하고 성숙하다. 정서에 대해 경험으로 쌓은 지식이 많아야 한다. 정서는 말로 표현하고 소통되어야 한다. 양육자가 "그런 말 하지 마", "울지 마", "다른 사람에 대해서 나쁜 이야기 하지 마"라는 말로 감정을 억제하면, 자녀는 위축되고 자신감을 잃는다. 자신의 감정은 물론 타인의 감정을 공감하지 못한다. 결혼한 뒤에는 배우자가 힘들다고 하면 "자꾸 부정적인 이야기 하지 마"라고 말하고, 울고 있으면 자리를 피하거나 화를 낸다. 감정을 경험하지 못했기에 어떻게 감정을 풀어주고 이해해야 할지 모른다. 배우자가 힘들다고 감정을 드러내도 자신을 비난한다고 생각한다. 그래서 배우자의 감정을 공감하거나 위로할 수 없다.

부모에게 달려가서 안기고, 슬픔과 분노의 감정을 드러내고 그것을 공감받으면 아이의 정서 지능이 높아진다. 그런데 제한된 정서만 경험하게 하는 가정이 많다.

40대 재욱 씨의 아버지는 집에 들어오면 늘 화를 냈다. 집 안에서 유일하게 표현되는 감정은 아버지의 분노였다. 멀리서 아버지의 발자국 소리만 들려도 모든 가족들은 불안에 떨어야 했다. 다행히 아버지가 일찍 잠이 들면 감사한 날이었다. 어머니와 재욱 씨는 자신의 감정을 표현할 수 없었다. 감정을 표현하면 아버지가 예외 없이 분노했기 때문이다. 분노는 절대로 사람을 긍정적으로 변화시킬 수 없는데도 아버지는 분노로 가정을 변화시키려 했다.

재욱 씨는 결혼했지만 행복하지 않았다. 아내가 눈물을 흘리고 있으면 화가 났다. 그래도 화를 내지 않으려고 자신의 감정을 절제하면서 냉정하고 이성적으로 아내를 대했다. 자신의 아버지는 분노했지만 자신은 그렇게 하지 않았는데 아내가 불만을 갖고 있으니 더 화가 났다. 재욱 씨는 자신과 타인의 감정을 이해하는 것이 어려웠다. 아이가 울어도 울지 말라고 했다. 재욱 씨는 아이들의 감정에 어떻게 반응해야 할지 몰라 절제를 강요했다. 분노하던 아버지를 피하기 위해 감정을 절제하던 재욱 씨는 다른 사람에게도 절제를 강요하게 되었다.

다양한 정서를 경험하는 곳이어야 할 가정이 정서적으로 죽어가고 있다. 과거뿐만 아니라 지금도 다양한 감정을 표현하지 못하는 가정이 많다. 가정에 부정적인 감정인 분노, 짜증, 폭력, 무시하는 폭언이 난무한다. 밖에서는 호인처럼 싫은 말을 하지 않는데 집에만 들어오면 인상을 쓰고 화만 내는 사람이 있다. 또한 다른 사람들 앞에서 가족을 무시하는 말을 서슴지 않는 사람도 있다.

부부 상담을 하다보면 다른 사람의 감정을 공감하지 못하는 사람이 많다. 아내에게 폭언과 폭력을 가하고 혼자 라면을 먹으면서 개그 프로를 보는 남편도 있다. 외도를 해놓고 자기 때문에 힘들어하는 배우자를 오히려 나무라는 사람도 있다.

밖으로 드러나지 않는 가정의 울타리 안에서 반사회적인 행동을 보이는 사람이 의외로 많다. 그래서 가정에서 일어나는 사건이 더 심각하다. 양심의 가책을 느끼지 못하는 가족이 저지른 불행한 사건이 연일 보도되고 있다.

정답이 넘치는 가정에 진짜 답은 없다

필자는 가정의 정서적 소통이 회복되어야 우리나라의 많은 문제를 해결할 수 있다고 생각한다. 희로애락을 자유롭게 표현할 수 있는 가정에서 자란 자녀가 이웃을 사랑하기 쉽다. 다양한 정서를 경험한 사람일수록 타인을 지지하고 인정해준다. 부정적인 감정이 표현되어 해소되어야 타인에게 참을성을 갖고 쉽게 분노하지 않는다. 남의 아픔에 공감하고 타인을 괴롭히지 않는다.

가정에서 따뜻한 위로를 경험하지 못해서 고통 받고 있는 사람이 너무나 많다. 정서를 어떻게 소통해야 하는지 경험하지 못한 채 부모가 된 사람들 역시 정서의 소중함을 알아도 정서에 공감하기보다 문제를 해결하려 하고 이성적으로 정답만 던져준다.

정답이 넘치는 가정은 정서가 메말라간다. 옳은 정답이 사람을 성숙시키는 것은 아니다. 아내가 끓인 된장찌개가 짜면 "짜다", 싱거우면 "싱겁다", 매우면 "맵다"고 옳은 이야기를 한다. 애써 요리한 아내의 노고에 대한 고마움은 없다. 남편의 옳은 말만 들은 아내는 자신감을 잃어간다. 그리고 이런 일이 거듭되면 '죽고 싶다'고까지 말한다. 말의 힘은 이처럼 강하다.

공부를 해야 하고 성적을 잘 받아야 한다는 정답만 듣던 자녀는 어느 순간 삶의 의미를 잃고 길거리를 헤맨다. 부모로부터 옳은 말만 계속 들어야 했던 자녀는 분노를 터트린다. 열심히 일하고 받은 월급인데 '쥐꼬리만하다'는 말을 들으면 남편은 절망에 빠진다. 정서를 나누지 못하는 가정에서 매일 벌어지는 일이다. 가슴 아픈 우리의 자화상이다.

돈으로 마음까지 살 수는 없다

남편 현상 씨는 사업에 성공했고, 아내 정은 씨는 교수로 인정을 받고 있었으며, 자녀는 일류대학에 들어갔다. 가족은 주말이면 호텔에서 식사도 하고 일 년에 한 번씩 외국 여행도 다닌다. 겨울에는 고급 숙소를 빌려 연말을 보낸다. 그런데 가족이 한자리에 모일 때마다 큰소리가 오가고 서로 상처를 준다. 아내가 말한다.

"우리 가정은 빛 좋은 개살구예요. 남들이 부러워할 조건을 모두 갖추었지만 아이들은 분노하고 있고 저는 이혼하고 싶어요. 숨이 막혀요. 요즘 말로 '행복 코스프레' 하고 사는 거죠. 어떤 불만도 푸념도 표현하기 어려워요. 오래전부터 이런 생활에 익숙해서 가족 행사는 치르고 있지만 행복은 없어요. 가족 모두가 말라죽어가고 있어요."

정서가 살아야 가정이 산다. 그러려면 부모가 먼저 정서를 배워야 한다. 우울해하는 사람에게 약을 먹고 운동을 하라는 해결책을 제시할 게 아니라 감정을 위로하며 곁에 함께 있어야 한다. 부정적인 정서를 드러내는 가족에게 야단치지 말고 그 감정에 공감해야 한다. 남들 보기에 좋은 가정이 아니라 가족이 진정으로 행복을 느껴야 한다.

돈이 많으면 편리하다. 지식과 미모는 부러움을 살 수도 있다. 그러나 이러한 것들이 행복을 보장하지는 않는다. 행복감은 정서를 공유하고 경험할 때 생긴다. 고급 레스토랑에서 불편한 기류 속에 먹는 음식보다 다정하고 즐거운 분위기에서 먹는 음식이 더 맛있다. 정서를 나누는 가정으로 만들어갈 수 있다. 정서가 익숙해질 때까지 경험하고 배워야 하고 의도적으로 표현해야 한다. "그랬구나"라고 반응하는 연습을 반복해야 한다. 자녀가 행복을 경험할 수 있게 부모가 먼저 노력해야 한다. 부모의 노력으로 정서를 경험한 자녀들은 다시 손자, 손녀를 행복하게 해줄 수 있다. 정서적 단절의 대물림을 지금 끊어야 한다.

정서가 대화의 깊이를 결정한다

"저희 부부는 배울 만큼 배웠는데 깊은 대화가 안 됩니다. 전혀 통하지 않아요. 상식적으로 봐도 제 말이 맞는데, 아내는 제 말을 듣지 않고 화부터 냅니다. 설득이 안 됩니다. 어떤 때는 이성이 마비된 사람 같아요. 차라리 말을 말자 싶어 대화를 포기한 지 오래예요. 게다가 아내는 청소도 안 해요. 주부라면 청소를 잘해야 하는 것 아닌가요? 아무리 충고하고 야단치고 화를 내도 고쳐지지 않아요. 낮에 집에서 뭐 하고 있는지 모르겠어요. 그렇다고 아이들 공부를 잘 시키는 것도 아니고 반찬을 잘하는 것도 아니에요. 돈을 벌어줘도 고마운 줄 몰라요. 집에 들어가면 편해야 하는 데 쉬지도 못해요. 늘 우거지상을 하고 있으니까요."

남편 준상 씨는 고개를 절레절레 젓는다.

"남편은 제가 돈을 벌지 않으니까 가정에서 벌어지는 모든 일은 제 책임이라고 생각해요. 그것도 완벽하게 해내야 한다고 생각하죠. 자녀 양육은 큰 시누이처럼 하고, 남편 시중은 시어머니처럼 들고, 청소는 숙모님처럼 깔끔하게 하라고 강요해요. 돈을 벌어줬는데 도대체 집에서 뭐 하냐고, 저랑은 대화가 안 된다고 하는데 제 입장은 한 번이라도 생각해봤는지 묻고 싶어요."

아내 소향 씨는 답답해한다.

교감이 없는 부부는 비극이다

미국의 심리학자 폴 에크만Paul Ekman의 주장에 의하면 두려움, 분노, 행복 또는 기쁨, 슬픔, 놀람, 수치심이 인간의 타고난 기본정서라고 한다. 기본정서에는 부정적인 정서가 많다. 인간의 실존을 위해서는 부정적인 정서를 해결하는 것이 중요하기 때문이다. 그런데 사랑은 기본정서가 아니다. 사랑을 표현하는 감정은 다양하다. 사랑은 모든 기본정서를 포함하고 있는 복합정서다. 애착대상과 사랑을 나누면 여러 기본정서가 충족되기 때문에 사람은 만족감을 느낀다. 그러니 부부 사이에서 정서의 교감이 없다면 비극이다.

정서에 대해 모르는 부부는 자신이 원하는 바를 몰라서 감정을 전달하지 못하거나 상대방의 감정을 제대로 읽지 못하고 왜곡하여 고통을 겪는다. 상담을 하다보면 상담자가 하는 말에 남편이 쉽게 동의하는 경우가 있다. 그런데 그 순간 아내가 분노한다.

"제가 30년 가까이 선생님과 같은 말을 했어요. 제 말은 흘려듣는 남편이 선생님 말씀에는 맞장구치는 모습을 보니 화가 나요. 30년 세월이 억울해요."

부부 사이에 해결되지 않은 부정적인 감정이 있으면 배우자의 말을 수용하기 어렵다. 하지만 상담자와는 감정이 개입되지 않아 배우자가 하는 말과 같은 말인데도 상담자의 말은 쉽게 수용할 수 있는 것이다.

서로에게 쌓여 있는 감정이 처리되지 못하면 깊은 대화를 할 수 없고 관계도 깊어지지 않는다. 앞에 언급된 준상 씨와 소향 씨 역시 부정적 정서가 해결되지 않아서 깊은 대화가 힘들었다. 페퍼딘 대학교의 심리학과 교수인 루이스 카졸리노Louis Cozolino는 인간은 상호작용을 하지 못하면 죽게 된다고 말했다. 정서적인 소통이 없으면 인간은 삶의 의미를 잃는다는 뜻이다.

남편에게 비난받은 아내는 점차 남편에게 화가 났다. 남편을 인정할 수 없었다. 하지만 상담을 통해서 남편을 이해하게 되었고, 남편의 노력도 인정하게 되었다. 소향 씨가 말했다.

"당신도 열심히 노력하고 있는데 당신이 미워서 수고한다는 말, 고맙다는 말 한 번 못했네. 나 힘든 것만 생각했어. 미안해."

남편 준상 씨는 아내를 끊임없이 주변 사람들과 비교해서 아내를 힘들게 했다는 것을 깨닫게 되었다.

"부모님도 늘 당신 칭찬이야. 전화도 자주 하고 마치 딸처럼 살갑게 대해준다고 했어. 그런데도 나는 당신 부족한 부분만 들추고 다른 사람들과 비교해서 당신을 힘들게 했지. 그걸 이제야 알게 되었어. 미안해. 그리고 고마워."

실마리는 부부에게 있다

남편과 아내는 마침내 해결의 실마리를 찾을 수 있었다. 정서적으로 교감이 되고 배우자의 이해를 받게 되자 두 사람의 변화는 일어났다. 남편은 아내를 칭찬했고, 아내는 남편의 수고를 인정했다.

"사실 남편이 저를 인정해주지 않아서 의욕이 없었어요. 제가 당장 우울하고 죽겠는데, 어떻게 남편을 인정하겠어요? 소통이 되니까 제 감정도 많이 풀렸고, 남편의 좋은 점도 보이네요. 이렇게 대화가 통하니 내 깊은 속에 있는 무언가가 건드려지면서 희열이 느껴지고 감동이 몰려와요. 해결책을 제시하면서 이성적으로 대화하면 5분을 넘기기가 어려운데 감정이 통하니까 아무리 작은 주제를 가지고도 한두 시간을 대화할 수 있어요. 그동안 저희 부부는 한 번도 이렇게 감정을 나눠본 적이 없었어요. 지금은 그게 되니까 살 것 같아요."

준상 씨와 소향 씨 부부처럼 부부가 정서적으로 연결될 때, 그 자리에 있는 상담자도 깊은 감명을 받는다. 상담을 하면서 필자 자신도 치료가 된다. 부부 문제를 해결하기 위해서는 정서를 나누는 것이 가장 효율적인 방법이다. 서로의 문제를 솔직히 인정하고 정서적인 교감을 나눌 때 변화는 반드시 일어난다.

자존감은 혼자만의 노력으로 회복하기 어렵다

사랑을 받지 못하면 다른 사람도 자신도 신뢰하기 어렵고 있던 자신감도 사라진다. 자존감이 부족한 사람은 자신을 탓하고 자기 안에 갇히기 쉽다. 주변에서 자신감을 가지라고 조언을 해도 소용이 없다. 사람은 누군가와 정서적으로 연결될 때 자신과 타인에 대해 긍정적으로 평가할 수 있다.

자존감은 스스로 높이기 어렵다

가족이 믿어주고 지지해주면 자존감이 높아진다. 자존감은 소중한 사람이 자신의 이름을 불러주고 의미를 부여해줄 때 생긴다. 고통을 받거나 우울해할 때 소중한 사람이 위로해주고, 따뜻하게 곁에 있어주면 자존감은 높아진다.

경험주의 부부치료의 창시자 사티어에 따르면 가정이 정서를 나누지 못하는 '정서적 죽음Emotional Death' 상태는 가족 구성원들의 자존감을 떨어뜨린다고 한다. 자존감이 높으면 자신과 타인, 상황에 압도당하지 않고 긍정적으로 문제를 풀어간다. 자존감이 낮으면 자신, 타인, 상황을 부인하거나 무시하게 된다.

자존감이 낮은 사람의 4가지 부정적 대화 방식

사티어는 정서적인 표현과 소통을 충분히 경험하지 못해 부정적인 방식으로 대화하는 사람을 네 가지 유형으로 나누었다.

첫 번째는 '회유형'이다. 즉 자기 자신을 부인하면서 말하는 유형이다. 이 유형의 대화 방식을 사용하는 사람은 자신의 감정과 생각을 표현하지 않고 타인의 뜻에 맞춘다. 자신의 감정을 존중하지 않으며 자신감이 없고 연약한 자기를 보호하기 위해서 자기의 욕구를 숨긴다. 무기력하고 생기가 없다. 사람들을 만나고 와서는 후회와 아쉬움으로 자책한다. 다음에는 이렇게 맞받아쳐야지 다짐하지만 그 상황이 되면 또 똑같이 행동하고 후회한다. 점차 자존감은 더 낮아지고 자신의 감정과 생각을 표현하기가 더더욱 두려워진다. 감정을 억제하고 과도하게 걱정하며 자살을 생각하기도 한다.

두 번째는 '비난형'이다. 이 유형은 자기주장이 강하고 독선적으로 말한다. 자신을 방어하기 위해서 타인을 무시하고 폭군이 된다. 남 탓을 하고 자신의 잘못은 인정하지 않는 태도를 보인다. 자신이 옳고 타인이 문제라고 생각해 공격을 일삼는다. 화를 내고 상대를 무시하는 발언을 서슴지 않는다. 하지만 이런 유형의 사람이 상대를 거칠게 비난하는 것은 사실 도움을 청하는 행위라고 사티어는 말한다. 자존감이 낮아서 다른 사람을 존중하지 못하는 것이다. 모든 부부 문제의 원인이 배우자에게 있다고 생각하고 적대감, 충동성, 폭력, 편집증적인 증상을 보이기도 한다.

세 번째는 '초이성형'이다. 객관성과 논리를 중요시하고 자신과 타인의 감정을 무시하며 상황만 강조한다. 정서보다는 상황이 그럴 수밖에 없다고 강변한다. 며느리라면 시부모를 존중해야 하고 남자라면 돈을 벌어야 한다는 자신의 원칙에만 몰두할 뿐 그 상황에서 겪게 되는 정서적인 어려움은 무시한다. 융통성이 없고 자존심이 강하다. 정서를 표현하지 않고 자신을 이성적이라고 생각하지만 쉽게 상처받고 쉽게 분노한다. 그 상황에서 어쩔 수 없었다고 말한다. 자신감이 높아 보이지만 사실은 자신감도 없고 자존감도 낮다. 스트레스 상황이 닥치면 따지려 들고 소외감을 많이 느낀다. 강박증, 우울증, 공감 능력이 떨어지는 편이다.

네 번째는 '산만형'이다. 자신과 타인, 상황을 모두 무시한다. 의사소통이 안 되고 심각한 상황이 되면 주제에 맞지 않는 말로 문제를 흐리게 만든다. 심리적으로 가장 접촉하기 어려운 유형이다. 진지한 대화를 거부하며 부적절한 행동과 말을 한다. 공감 능력이 현저히 떨어지고 인간관계를 잘 맺지 못한다. 자존감이 낮아서 불안한 상황을 견디지 못하고 빨리 벗어나려 한다. 충동적인 행동을 보일 수 있다. 자신이 어떤 감정을 느끼고 있는지 알지 못하고 자신의 생각에 확신을 갖지 못한다. 다른 사람을 통해서 검증을 받지 못하면 자신의 말과 행동을 부정적으로 느낄 수도 있고 자신 있게 판단을 내리지 못한다.

어릴 적 상처로 아파하던 수영 씨가 말했다.

"남편은 나보고 자신감을 가지라고 해요. 그러면 화가 납니다. 저라고 그러고 싶지 않겠어요? 저도 자신감을 갖고 싶지만 안 되는 걸 어떡하라구요. 사람을 만나면 실수할까봐서 가슴이 두근거리고 불안해요. 집만 나서면 부자연스럽고 연기를 하는 기분이 들어요. 어릴 때 저희 엄마는 울면 울지 말라고 했고, 말을 하면 말하지 말라고 했어요. 웃어도 크게 웃지 말라고 했구요. 엄마는 내가 아빠를 자극해서 분란이 생길까만 고려했지 내 감정을 전혀 인정해주지 않았어요. 그래서 저는 감정을 그저 억누르며 살았어요. 누가 인정해주지 않으니 제가 잘하고 있는지 확신이 없었어요. 그래서 더더욱 표현을 하지 않게 되었습니다. 사람들의 시선이 두려웠거든요."

상처는 또 다른 상처를 남긴다

인간은 타인의 인정을 통해서 자신을 받아들일 때 자존감이 높아진다. '정서적인 죽음' 상태의 가정에서 성장한 사람은 자기 자신을 부정적으로 생각한다. 가족 간에 서로의 감정을 알고 나누는 것이 그래서 중요하다. 부모들이 반드시 기억해야 할 것이 있다. 자녀는 어릴 때 부모로부터 받은 정서적 억압의 상처를 회복하기 위해서 일평생 투쟁하고 살아간다. 따라서 부모는 자녀의 이름을 불러주고 의미를 부여해주어야 한다.

"우리는 너를 사랑한다. 힘들 때, 언제든지 엄마, 아빠에게 달려와도 돼!"라고 말하며 자녀의 안식처가 되어주어야 한다. 자녀는 부모에게 얻은 힘으로 세상을 향해서 나갈 수 있다.

앞서 언급한 네 가지 유형의 사람 모두 가정에서 정서적인 소통을 적절하게 경험하지 못했기 때문에 어른이 되어서도 타인과 진정한 관계를 맺지 못해 점점 스스로를 고립시키는 경향이 있다.

정서를 표현하지 못하도록 막는 부모는 자녀의 자존감을 떨어뜨리고, 자존감이 낮으면 누구와도 관계를 맺기 어렵다. 정서를 나누지도 못한다. 가족 모두가 정서적인 의사소통 방식을 배우고 노력할 때 자존감은 회복된다.

이들과 달리 자기 자신과 타인, 상황에 적절하게 반응하는 사람들이 있다. 이 유형을 '일치형'이라 부른다. 이들은 의사소통 내용과 내적인 정서 상태가 일치한다. 소중한 대상과 긍정적인 관계를 경험하여 자존감이 높다. 자신의 감정을 적절하게 표현하고 타인에게 공감을 잘한다. 힘든 상황도 잘 견디고 유연하게 대처하며 대화를 유쾌하게 이끌 수 있다. 솔직하게 의사소통하고 자기 감정을 알고 욕구를 적절하게 표현하여 타인으로부터 자신에게 필요한 것을 쉽게 충족받는다. 안정감 있게 대화하고 타인에게도 성장의 기회를 제공한다.

결혼한 뒤에는 배우자의 아픔을 자신의 아픔으로 여기며 자신의 상처를 적절하게 표현하여 배우자에게서도 위로를 받는다. 비난하거나 변명하지 않고 사실을 말하며 공통점을 즐기고 차이점을 인정한다.

상처는 또 다른 상처를 남긴다. 가정의 온기를 결정하는 것은 정서다. 부부는 가정에 온기를 불어넣어야 한다. 부부가 서로를 보듬고 자신들이 받은 상처를 되물림하지 않으려고 노력해야 한다. 정서를 나누고 소통하는 것이 그 첫걸음이 될 것이다.

위기를 극복하는 정서의 힘

매사추세츠 대학교 심리학과 에드 트로닉 교수는 "인간은 서로 협력할 때 정서적으로 균형을 이루기 쉽다"고 했다. 감정은 혼자서 처리하기보다는 다른 사람과 나누는 것이 좋다는 의미로 해석된다. 행복은 나누면 두 배가 되고, 슬픔은 나누면 반이 된다는 우리 속담과 같은 맥락이라고도 할 수 있겠다.

버지니아 대학교의 짐 코헨Jim Cohen 교수는 사람들이 스트레스 자극의 강도를 어떻게 느끼는지 알아보기 위해 실험을 했다. 부부 사이가 좋은 여성들을 혼자 있게 하거나, 낯선 사람과 있게 하거나, 남편의 손을 잡고 있게 한 다음 위험하지 않을 정도의 전기 충격을 가한 뒤 뇌의 반응을 살피는 것이었다.

결과는 매우 흥미로웠다. 혼자 있을 때 전기 충격을 받은 여성들은 마치 크리스마스트리에 불이 들어온 것처럼 뇌의 여러 곳이 동시에 반응했고, 낯선 사람의 손을 잡고 있던 여성들의 뇌는 그보다 덜 활성화되었으며, 남편과 손을 잡고 있던 여성들은 전기 충격에도 여전히 안정된 상태로, "비가 오네요."라는 말을 들었을 때 뇌가 활성화되는 수준으로만 반응했다.

'안전'하다는 느낌은 이처럼 좋은 방향으로 위력을 발휘한다. 나를 인정하고 지지하고 사랑해주는 사람과 있을 때 사람은 안전하다고 느낀다. 나도 배우자도 서로에게 그런 존재가 될 수 있도록 서로의 땅을 고르고 거름을 뿌려주자. 전기 충격보다 더 크고 센 충격이 오더라도 "그까짓 것쯤이야!" 하고 이겨낼 수 있도록 부부는 서로에게 힘이 되는 존재여야 한다.

부부는 서로의 안식처

짐 코헨 교수는 이번에는 부부 사이가 나쁜 여성을 상대로 실험을 했다. 부부 사이가 나쁜 여성들을 혼자 있게 하거나, 낯선 사람과 있게 하거나, 남편의 손을 잡고 있게 한 다음 예전의 실험과 마찬가지로 위험하지 않을 정도의 전기 충격을 가한 뒤 뇌의 반응을 살핀 것이다.

뇌가 가장 많이 활성화된 것은 혼자 있을 때였고, 가장 적게 활성화된 것은 낯선 사람과 있을 때였다. 남편의 손을 잡고 있던 여성은 혼자 있던 여성만큼 자극을 크게 느끼지는 않았지만, 낯선 사람의 손을 잡은 사람보다는 자극을 크게 느꼈다.

남편의 손을 잡고 있을 때보다 낯선 사람과 있을 때 마음이 안정된다는 것은 매우 좋지 않은 신호다. 남편이 낯선 사람만 못하다는 것을 어떻게 받아들여야 할까? 내 편이라고 느껴지지도 않고, 같이 있으면 오히려 긴장이 되는 남편이라면 어떻게 부부라고 할 수 있을까?

결혼해서 오래오래 행복하게 살았던 그림책 속 주인공처럼 나도 결혼하면 잘살 수 있을 것 같고, 그저 행복할 것이라고 생각하는 사람이 많다. 그러나 현실은 냉정하다. 믿음직하고 능력 있는 남편, 총명하고 귀여운 아이와 쾌적한 집에서 아름답게 나이 들어가는 자신의 모습을 상상했지만, 현실은 녹록치 않다.

부부가 서로 힘을 주고받아도 힘든 인생, 서로에게 고개 돌리고 무시한다면 얼마나 불행할 것인가. 큰일도 큰일이 아니라고 생각할 수 있어야 힘이 덜 든다. 그러려면 부부의 정서적인 결합이 우선이다. 짐 코헨 교수의 실험은 이런 사실을 뒷받침해준다.

PART 5

부부의 사랑을 재구성하는 7가지 법칙

2천 쌍이 넘는 부부가

갈등하고 화해하는 과정을 지켜보면서 공통점을 발견했다.

'정서'를 중심으로 서로의 감정을 이해하고, 노력하다보면

대부분 다시 화해한다는 것이다.

누구도 성숙한 상태로 결혼하지 않는다

서로 다른 두 사람이 부부로 살다보면 좋은 일도 많지만 실망할 일도 많다. 이는 모든 부부가 필연적으로 마주치는 상황이다. 그때마다 강한 부정적 '정서'가 생긴다. 그렇게 생긴 '정서'를 함께 풀어가는 것이 부부다.

부정적인 정서를 적게 가지고 있을수록 부부 관계가 좋다. 부부 사이가 좋으면 갈등이 생겨도 금세 해결할 수 있다. 서로를 탓하지 않고 외부 정보를 정확하게 인식하며 갈등에 대한 참을성도 있기 때문이다.

부부는 평생 동안 싸울 기회에 맞닥뜨린다. 자녀는 말썽을 일으키고 시댁과 처가가 부부를 속상하게 할 수도 있다. 배우자의 성격과 습관이 거슬리기도 한다. 특히 지치고 힘들 때는 예민해져서 작은 일 가지고 다투기도 한다. 부부 관계가 회복된다는 것은 부부가 싸우지 않는다는 것이 아니라 싸움의 강도가 약해진다는 것이다. 부부가 편안하고 행복하게 살려면 많은 노력이 필요하다.

부부 사랑을 재구성하자

혼인신고를 하거나 결혼식을 올리거나 살림을 합쳤다고 저절로 잘 살게 되는 것이 아니다. 결혼생활은 배워야 한다. 성숙한 상태로 결혼하는 사람은 없다. 두 사람 혹은 여러 사람이 함께 살면서 점차 성숙해 가는 것이다.

미성숙한 두 사람이 한 공간에 살다보면 상대방의 작은 실수조차 용납하기 힘들고 단점을 비난하게 될 수도 있다. 과거에는 부부 사이에 불화가 있으면 참고 견뎌야 한다고 가르쳤다. 갈등을 푸는 방법을 모르기도 하고 갈등이 있는 것 자체를 문제시하여 부정적인 정서를 표현할 수 없게 한 것이다. 그래서 많은 사람들이 '화'와 '한'을 품고 살았다.

부부 또는 가족 사이의 갈등은 얼마든지 건강하게 풀 수 있다. 이제는 사람들의 인식도 많이 달라졌고, 무조건 참으라고만 하지도 않는다.

문제 해결을 위해 도움을 받을 수 있는 곳도 많다.

자녀 양육방식의 차이 때문에 심한 갈등을 겪고 있는 부부가 있었다. 남편의 부모는 엄격한 편이고 아내의 부모는 허용적인 편이었다. 전혀 다른 성장 배경이 자녀가 태어나면서부터 부부 불화의 불씨가 된 것이다.

다른 것은 결코 단점이 아니다. 다르기 때문에 서로 부족한 것을 채워줄 수 있다. 하지만 차이를 장점으로 만들기 위해서는 '정서적인 소통'이 전제되어야 한다.

부부는 상담을 받으면서 새로운 양육방식을 찾아갔다. 남편은 아내의 자유로운 양육방식을 수용했고, 아내는 남편의 규칙에 동의했다.

모든 부부는 회복될 수 있다

상황은 다르더라도 서로의 차이를 이해하면 어떤 부부도 관계를 회복할 수 있다. 접근하는 방법과 속도는 다를지라도 모든 부부의 궁극적인 목표는 같다. 서로의 아픔과 고통을 이해하고 부부가 하나가 되는 것이다.

"아버지의 폭력과 어머니의 화난 목소리가 제 삶을 지배했어요. 아직도 그런 과거에서 완전히 벗어나지는 못했어요. 하지만 이제는 견딜 만해요. 이전처럼 무력감에 빠져들지도 않구요. 남편도 더 이상 저를 비난하지 않고 이해해줘요. 이제야 비로소 저도 제 자신을 사랑할 수 있게 됐어요. 나를 찾았어요. 저랑 살면서 남편도 힘들었을 거예요. 저를 이해해주지 않는 남편을 원망하기만 했는데 남편도 이해가 돼요. 남편이 먼저 제 마음이 어떤지 물어봐주고 위로해주기도 해서 정말 고마워요. 저희 둘 다 많이 달라졌어요. 지금도 달라지고 있구요."

아무 노력도 하지 않거나 틀린 방법으로 애쓰다가 결국 소통을 포기해버리는 부부가 많다. 끝까지 서로 상대만 달라지면 된다고 생각하는 사람도 있다. 틀린 생각이다. 남편과 아내 모두 부부가 되는 법을 배워야 한다. 배우자를 바꾸려 하지 말고 자신이 몰랐던 것이 무엇이며, 어떤 것을 알아야 할지를 배워야 한다.

사람은 반드시 변한다는 것을 믿는다

상담을 하면서 점점 회복되는 부부와 그렇지 못한 부부의 차이가 무엇인지를 알게 되었다. 상담은 원형prototype을 바꾸는 것이 아니다. 세모를 동그라미로 바꾸는 것이 아니라 세모는 그대로 두고 크기만 점차 키우는 것이 상담이다. 동그라미인 사람은 동그라미를, 네모인 사람은 네모를 확대시켜준다. 자신의 성향이 어떠하며, 어떤 말에 상처를 받고, 어떤 상황에서 예민해지는지 그것이 배우자에게 어떤 영향을 주는지를 알아가는 과정이다. 이를 '생각과 정서 경험의 확대expand'라고 한다.

이렇게 점차 자신을 확대해가면 갈등 상황이나 부정적인 정서 또는 반응에도 이전처럼 크게 반응하지 않는다. 배우자에게 쉽게 미안함을 표현하고 잘못을 인정하게 된다. 세모와 네모가 커지면서 교집합이 늘어나 싸움이 줄어드는 것이다.

사람은 비난하고 강요한다고 달라지지 않는다. 서로의 차이를 인정하고 서로를 껴안을 때에만 달라질 수 있다.

변화는 쉽지 않다

부부 관계는 현재의 상태를 유지하려는 속성이 강하다. 외부에서 보기에는 분명히 문제가 있는데도 그 속에 있는 사람들은 문제를 그대로 끌고 간다. 이를 '항상성homeostasis'이라고 한다.

달라지려는 의지가 있어도 배우자나 상담자가 막상 자기 방식과 맞지 않는 것을 요구하면 어려워한다. 생각과 감정, 행동의 변화가 있어야 관계는 변한다. 배우자에 대한 이해가 달라져야 하고 새로운 시각으로 부부 관계에 접근해야 한다.

자신이 가지고 있는 틀을 깨지 않으면 아무것도 달라지지 않는다. 배우자가 변해야 한다는 생각을 바꿔야 한다. 계속 그 생각을 고수한다면 관계는 악화될 수밖에 없다. 내 방식만 고집하지 않고 새로운 시도를 할 때 함께 문제를 풀어갈 수 있기 때문이다.

변화를 시도하는 초기에는 배우자의 변화된 모습을 바로 받아들이지 못한다. 배우자의 진심을 바로 수용하기 어렵다.

"이 사람이 지금 소장님 앞이라서 좋게 말하는 것이지 집에 가면 바로 이전처럼 돌아갈 거예요. 내가 말할 때는 한 번도 수긍하지 않다가 소장님 말에 맞장구치는 아내를 믿을 수 없어요."

상담자가 보기에는 진심으로 깨닫고 있고 변화가 감지되지만 상대 배우자는 수용하지 못한다. 수용하기 힘들어하는 심리에는 이유가 있다. 깊은 상처가 한두 번의 상담으로 바로 사라지지 않기 때문이다. 믿었다가 다시 상처를 입으면 감당하기 어려운 것도 사실이다. 그래서 자신의 변화를 수용해주지 않을 때 어떤 태도를 취하는지 살핀다. 화를 내며 이전과 같은 반응을 보이면 그럴 줄 알았다고 맞받아치는 것이다. 초기에는 상대가 변하는 것이 쉽지 않다는 것을 염두에 두고 기다릴 줄도 알아야 한다.

부부 사이가 긍정적으로 변하려면 먼저 부정적인 감정이 사라져야 한다. 부부 관계가 안전하게 느껴져야 새로운 생각도, 새로운 시각도 수용이 가능하다.

그럼에도 변화는 반드시 일어난다

새로운 방법과 이해를 바탕으로 노력을 하면 '항상성'은 깨지고 '변형성morphogenesis'이 일어난다. 물론 그렇게 되기까지는 꽤 많은 시간과 에너지를 들여야 한다.

변화가 일어나면 긍정적인 고리가 생겨난다. 점차 서로에게 좋은 방향으로 반응을 하게 된다. 긍정적인 정서가 부정적인 정서보다 커지게 된다. 변하지 않을 것 같은 부부가 서서히 변한다.

그동안 많은 부부는 문제를 담장 안에 가두고 변화를 거부하며 불만스러운 부부 관계를 유지했다. 변화를 원하면서도 방법을 몰라 희망을 잃은 채 살았던 것이다. 지금도 여전히 그런 부부가 많지만 용기를 내어 변화를 시도하면 반드시 부부는 달라질 수 있다. 어떤 노력을 해도 달라진 게 없다면 새로운 방식의 이해와 접근이 필요하다는 신호다. 관계는 서로에게 영향을 주고받으면서 변화된다.

"사실 요즘도 가끔 그러는데…. 진짜로 제 마음을 아는지 확인해보려고 화를 내보기도 하고 짜증을 내보기도 했어요. 그리고 최근에야 남편을 믿게 됐어요. 제가 두려움 때문에 마음을 닫고 있었다는 것도 깨달았어요. 남편이 자기가 달라졌다는 걸 제가 알아줄 때까지 기다리겠다고 하더라구요. 이 사람이 정말로 내 생각을 하는구나, 싶어서 기뻤어요. 만약에 남편이 '자기도 달라졌으니 저에게도 달라져야 한다'고 조건을 내걸었으면 또 이전의 살얼음 상태로 돌아갔을 거예요."

마음에 단단히 굳어 있는 상처를 떼어내려면 안전한 자극이 일정 기간 지속되어야 한다. 당장의 변화에 일희일비하지 말고 계속해서 노력해야 긍정적인 변화를 경험할 수 있다.

남자도 정서에 익숙해져야 한다

수잔 존슨은 정서를 느끼고 적절하게 표현하는 것은 건강하고 이성적인 행동이라고 말한다. 어떤 상황이 벌어졌을 때 희로애락이라는 정서 반응만큼 적절한 것은 없다. 누군가로부터 무시를 당하는데 우울하지 않고 화가 나지 않으면 이상하다. 엄마가 거부하면 아이는 화가 난다. 아내가 비난을 하면 남편은 두렵거나 화가 난다. 남편이 무시하는데 아무렇지 않다고 생각하고, 엄마가 거부하는데 웃고 있다면 이것이야말로 문제가 있는 것이다.

정서는 상황을 판단하는 데도 정확한 정보를 제공한다. 폭탄이 터지면 순간적으로 그 자리를 피해야 한다. 이성적으로 생각하고 판단하기 전에 감정이 먼저 작동해야 생존이 가능하다. 그래서 정서는 특정 상황에 적절하게, 즉각적으로 행동을 할 수 있게 해준다. 상대의 정서를 고려하지 않고 말을 하면 내용이 아무리 옳아도 듣는 사람의 마음에 와닿지 않아 설득이 어렵고 원하는 반응도 기대할 수 없다.

진심이 나눠지는 순간 위로를 받는다

정서적으로 소통이 되지 않으면 가족은 가족으로서 기능하지 못한다. 죽어가는 가족을 살리는 것은 옳은 말이 아니다. 사람의 마음을 보지 않고 옳고 그른 것만 따지면 상처는 깊어진다. 정서적 공감이 없으면 관계는 생명력을 잃고 점차 시들어간다.

공감 능력은 배울 수도 있고 경험하면 늘어난다. 어색하더라도 계속 표현하려고 애써야 한다. '꼭 말로 표현해야 아나?'라는 생각이 가정의 생명력을 잃게 한다. 남자도 정서적인 위로를 받고 싶어한다. 위안을 원하는 것은 인간의 기본욕구이기 때문이다. TV 드라마에서 나온 대사 중에 매우 공감 가는 표현이 있었다.

"위로란 진심이 나눠지는 순간 이루어지는 법이다. 누군가를 위로하고 싶다면 그저 바라보고 들어주는 것만으로 충분하다."

남자는 용기가,
아내는 부드러운 표현이 필요하다

배우자의 말에 진심으로 귀 기울일 수 있게 되면 그다음은 올바르게 표현하는 방법을 배워야 한다.

부부 사이에 불화가 생기면 남편은 아내가 두려워진다. 화를 내고 공격을 하고 저주를 퍼부을까봐 두렵다. 그래서 회피하는 행동과 말을 한다. 싸움이 커질 것 같아서 평화를 유지하려고 입을 닫는다. 자기라도 침묵해야 그나마 소리가 덜 나기 때문이다.

아내는 그런 남편에게 화가 난다. 그래서 목소리가 커지고 격한 표현이 쏟아진다. 회피하는 남편을 그냥 내버려둘 수 없어서 적극적으로 관계 회복을 시도한다. 이제 회피하면 공격하고, 공격하면 회피하는 고리에 갇히게 된다. 이를 '관계의 순환성'이라고 한다.

부부는 서로 자극과 반응을 주고받으면서 관계가 더 좋아지기도 하고 나빠지기도 한다. 배우자가 나를 대하는 방식은 내가 배우자를 대하는 방식에 영향을 받는다. 내가 잘해주면 배우자도 나에게 잘해주고 내가 배우자를 함부로 대하면 배우자도 나를 존중하지 않을 가능성이 크다.

아내가 공격하지 않게 하는 가장 좋은 방법은 남편이 다가가는 것이다. 특히 아내의 정서에 적절하게 반응해야 한다. 아내를 제대로 보려 하지 않고 회피하기만 하면 공격의 강도는 높아진다. 용기를 내어 아내에게 접근해야 한다. 이는 아내와 남편이 바뀌어도 마찬가지다.

아내는 비난을 멈추고 공격의 강도를 줄여야 남편이 회피하지 않는다. 서로 주고받으면서 관계가 발전된다는 사실을 잊어서는 안 된다. 관계는 메아리와 같아서 남편이 부정적으로 반응하면 아내도 부정적으로 반응한다. 화를 내고 협박해서는 절대로 관계를 긍정적으로 이끌 수 없다. 내가 화를 내면 상대도 화를 내고, 내가 상대를 비난하면 상대도 나를 비난한다. 인지상정이다. 공격을 멈추고 도망가지 않고 서로에게 부드럽고 용기 있게 다가가야 비로소 부정적인 고리가 끊어진다. 부부 관계가 회복되어야 그렇게 할 수 있는 것이 아니라 그렇게 해야 부부 관계가 회복된다.

말하지 않아도 알 것이라고 착각하지 말라

사람이 화를 내고 짜증을 내는 데에는 분명 이유가 있다. 자신을 인정해주지 않고 알아주지 않으면 화가 나고, 자신을 거절하고 비난하는 것 같으면 두려워진다. 진짜 문제는 자기 감정을 표현해야 할 때 그러지 못하고 화를 내거나 회피해버리는 것이다.

말하지 않으면 절대 알 수 없다

자신의 내면의 목소리를 외면해버리면서 상대가 자신의 진심을 알아주길 바라는 것은 욕심이다. 그래서 우리는 자신이 원하는 욕구를 있는 그대로 표현해야 한다.

"부드럽게 말해주면 좋겠어. 내 말을 들어주면 좋겠어. 나를 인정해주면 좋겠어. 나에게 다가오면 좋겠어. 내 눈을 마주보고 대화했으면 좋겠어."

이렇게 자신이 원하는 바를 요청하는 대화가 중요하다. 그런데 자기도 자기가 원하는 게 뭔지 정확하게 몰라서 표현하지 못하는 사람이 많다. 배우자에게 화가 나고 짜증이 난다면, 자신이 뭘 원하고 있는지부터 곰곰이 생각해보아야 한다. 자신의 욕구를 정확하게 알고 그것을 충족받을 수 있도록 적절하게 요청하는 표현을 배워야 한다.

"당신이 나를 비난할까봐 겁이 나. 내가 당신에게 중요한 사람이 아닌 것 같아서 외롭기도 하고. 이번에도 나 혼자 버려두고 친구들이랑 술 마시러 갈까봐 겁나."

앞에서 언급했지만 사랑의 중요한 정서 중에 두려움이 있다. 이 두려움을 덜어주는 것이 부부의 친밀감 회복에 중요한 부분이다. 사랑받지 못할 것 같은 두려움, 자신의 가치를 인정받지 못할 것에 대한 두려움을 해소해주어야 한다. 배우자가 이런 마음을 표현할 때 배우자를 위로해주고 '나는 당신을 소중하게 여긴다'라는 마음을 전달해야 배우자가 분노하지 않고 공격하지 않는다.

"뉴스만 보던 제가 요즘은 아내와 함께 드라마도 봅니다. 아내와 감정을 나눌 수 있게 되었어요. 제 감정도 자유롭게 말하구요. 그동안은 약해 보일까봐 말하지 못했던 두려움도 아내에게 전달할 수 있어요. 그러면 아내는 기다렸다는 듯이 저를 위로해주고 인정해줍니다. 지금까지 저는 제가 뭘 원하고 힘들어하는지는 진지하게 생각하지 않고 아내 탓만 하면서 짜증내고 화내고 아내를 회피했어요."

자신의 욕구를 알아야 배우자에게 적절하게 요청하고 충족 받을 수도 있다. 아이는 자기가 배고픈 상태라는 걸 알아야 엄마에게 음식을 달라고 할 수 있다. 노는 데 빠져서 배고픔을 인지하지 못하면 허기를 달랠 수 없다.

부부의 갈등은 욕구와 두려움의 문제

부부의 갈등은 두 사람의 욕구와 두려움이 충돌한 결과이다. 퇴근한 남편은 빨리 허기가 채워지기를 원했고, 아내는 친밀감의 욕구가 채워지기를 원했다. 남편은 밥이 근사하게 차려져 있기를, 아내는 남편이 자기를 안아주고 따뜻한 말을 해주길 바란 것이다.

서로 싸우기만 하던 부부는 상담을 받으며 자신이 원하는 것을 화내지 않고 표현하기 시작했다. 아내는 밥을 준비했고 남편은 퇴근하면 먼저 아내에게 다가가서 “여보 나 왔어”라고 인사하기 시작했다.

나의 욕구를 정확히 알고 상대에게 적절하게 요구해서 충족이 된 사람은 상대의 욕구도 들어주기 쉽다. 이렇게 되면 부부는 점차 가까워지고 상대방이 원하는 것을 의식적으로 신경 쓰게 된다.

애착을 유도하는 대화법을 활용하라

표현을 잘하려면 바람직한 대화법을 익혀야 한다. 대화법은 관계의 변화를 일으키는 주체는 아니지만 친밀감을 회복하는 데 매우 소중한 도구이다.

바람직한 대화법을 알아도 부정적인 감정이 있는 상대에게는 잘 적용이 안 된다. 부정적인 감정이 풀어져서 다가가도 되겠다는 안전한 느낌이 들어야 올바른 방법으로 대화할 수 있다. 정서를 먼저 이해한 다음 바람직한 대화법을 적용하면 친밀감 회복에 매우 도움이 된다. 배우자와 유대감을 회복할 수 있는 3단계 대화법은 다음과 같다.

반영하라

우선 '반영reflection'이다. 반영反映은 거울에 자신을 비추듯이 내가 거울이 되어 다른 사람을 비춰주는 것이다.

외출을 앞두고 거울 앞에 섰다고 생각해보라. 어떤 행동을 하는가? 거울은 한마디도 하지 않고 나를 비춰주기만 한다. 거울에 비친 내 모습을 보고 내가 알아서 스스로 부족한 부분을 고친다.

"화장 좀 잘해봐. 옷 입은 꼴은 그게 뭐니? 머리는 왜 또 그 모양이고? 누가 죽기라도 했어? 제발 웃어라 웃어"라며 거울이 하나하나 지적한다면 어떨까. 거울을 깨버리고 싶을 것이다.

단점을 지적하지 않고 상대방을 있는 그대로 비춰주면 사람은 스스로 달라진다. 배우자가 한 말을 그대로 돌려주면 된다. 우울하다고 하면 우울하냐고 되돌려준다. 여기에 적절한 표현법이 있다. 바로 '구나법'이다. 어렵지 않다. 상대방이 한 말에 '-구나'라고 붙이면 된다.

"앞으로 내가 동창회 나가나 봐라. 영숙이 계집애 때문에 속상해 죽을 뻔했어"라고 아내가 말하면 대부분의 남편은 이렇게 반응한다.

"그런데 왜 나가? 나가지 마!"

이렇게 하면 오늘은 영숙이와 남편 모두 죽는 날이다. 이럴 때 필요한 것이 '반영'이다.

"당신 오늘 영숙 씨 때문에 속상했구나."

이렇게 하면 남편도 살고 영숙이도 구제받는다. 아내는 정말로 영숙이를 어떻게 하고 싶거나 동창회에 나가지 않겠다고 한 말이 아니다. 속상한 마음을 남편이 알아주기를 원하는 것이다.

'반영'하는 대화법을 사용하면 아내는 남편이 자신의 말을 진심으로 듣고 자기를 이해해준다는 느낌을 받게 된다. 그거면 충분하다. 이 방법은 아이를 대할 때도 효과적이다.

설사 아이가 깡패가 되고 싶다고 해도 반영하면 절대 깡패가 되지 않는다. 매를 들고 다스리려 하면 깡패가 될 수도 있다. 물론 반영에 '구나법'만 있는 것은 아니다. '아하!' '그래' '그랬구나' 등으로 맞장구를 쳐주어도 된다.

다시 한 번 말하지만 대화를 할 때 가장 중요한 것은 내가 배우자의 거울이 되는 것이다. 마주 봐야 한다. 배우자가 말을 하면 다른 데를 보지 말고 배우자의 눈을 바라봐야 한다. 배우자가 고통스러워하면 같은 표정을 지어준다. 기뻐하면 함께 웃어준다. 어떤 감정이든 배우자가 느끼는 대로 느낄 수 있게 노력하다보면 배우자의 마음도 열리게 된다. '이 사람이 내 감정을 이해하고 있구나' 하고 느끼는 것이다.

인정하라

두 번째 대화법은 '인정validation'이다. 감정은 지금 상태를 반영한다. 아내가 우울하고 남편이 외롭다고 할 때는 자신의 지금 감정 상태를 설명하는 것이다. 이때 배우자의 감정에 대해 어떤 판단이나 평가도 해서는 안 된다. 아내는 지금 우울하고 남편은 지금 외로운 것이라고 있는 그대로 받아들여야 한다.

자신을 표현하는 방법은 여러 가지일 것이다. 학벌을 말할 수도 있고 누구의 아버지라며 가족 관계로 설명할 수도 있다. 또 자신감이 없다고 표현할 수도 있고 기쁘다, 우울하다, 외롭다, 화가 난다, 죽고 싶다, 두렵다 등 정서적인 상태로 설명할 수도 있다.

그런데 생각해보면 우리는 이렇게 말하는 사람들에게 왜 그 대학을 나왔느냐, 왜 누구의 아버지냐고 묻지 않는다. 그런데 우울하다고 하면 그 상태를 그대로 받아들이지 못한다. 꼭 왜 우울해? 하고 되묻는다. 이러면 안 된다. 어느 대학 출신이라고 하면 "그렇군요"라고 받아들이듯 우울하다고 말하면 '그렇구나'라고 받아주어야 한다. 인정해주면 회복이 된다.

남편이 외롭다고 하면 그것이 잘못되었다고 비난하지 말고 인정해주어야 회복을 향해 갈 수 있다.

공감하라

세 번째 대화법은 '공감empathy'이다. 공감의 어원은 '들어가서 느끼다'는 의미를 갖고 있다.

정서에 익숙하고 관계 지향적인 여자가 남자보다 공감을 잘한다. 모성애의 핵심도 공감이다. 엄마는 아이가 느끼는 감정을 가슴속 깊이 그대로 느낀다. 반면 남자에게는 공감이 쉽지 않다. 배우자가 자신의 정서에 대해 이야기하면 가슴이 답답해진다. 하지만 남자가 알아야 할 것은 남자도 공감이 필요하고 감정을 배워야 한다는 사실이다. 즉 자신을 위해서라도 정서에 대해 알아야 한다. 남자도 외롭고 힘들 때마다 위로를 받아야 건강하게 살 수 있기 때문이다.

먼저 반영하고 인정하는 법을 배우고 실제 부부 관계에 꾸준히 적용하면 뇌에 새로운 정서회로가 생겨난다. 점차 공감이 쉬워진다.

반영하고 인정하는 대화법은 내가 배우자의 생각이나 정서에 동의하지 않아도 가능하다. 배우자의 생각이나 정서가 나와 달라도 반영하고 인정해주어야 한다. 아내의 우울한 감정은 옳은 것이다. 그것을 비난하면서 아내 혼자 우울하고 외로운 상태로 내버려두면 부부 관계는 회복되기 어렵다.

현재의 부정적 정서는 새로운 정서를 경험할 때 사라진다. 우울한 사람에게 위로의 정서를 경험하게 해주면 우울감이 사라진다. 이를 전문 용어로 '교정적 정서 체험'이라고 한다.

사람은 반드시 새로운 정서를 경험해야 이전의 정서에서 벗어날 수 있다. 화를 내는 아내에게 똑같이 화를 낸다고 해서 아내의 분노가 사라지거나 내 기분이 좋아지는 것은 아니다. 왜 화가 났는지 물어보고 이유를 들어주면서 마음을 달래줄 때 아내는 안정을 되찾는다.

이때도 '구나법'은 통한다. 상태가 좋아질 때까지 배우자의 정서를 판단하지 말고 '그랬구나'라고 인정해주면 변화는 일어난다.

접근하고 반응하라

종이와 종이를 붙이려면 풀이 필요하다. 사람과 사람이 친해지고 관계를 맺는 데에도 필요한 것이 있다. 바로 접근과 반응이다. 두 사람이 정서적으로 솔직해지고 서로에게 반응해주면 좋은 관계가 이루어진다.

미혼 남녀들을 생각해보자. 미혼 남녀들은 서로 숱하게 접근하고 또 반응한다. 사소한 것에도 관심을 보이며 다가가고 좋다 싫다 반응한다. 서로 연인이 된 남녀는 무슨 일만 생기면 제일 먼저 전화를 하거나 달려가고 환한 얼굴로 반응한다.

부부 사이에 불화가 생기면 남편과 아내 모두 서로에게 접근하지 않고 반응하지 않거나 부적절하게 접근하고 반응한다. 불편하고 부담스럽고 두렵기 때문이다. 점점 부부는 서로를 투명인간 취급하게 된다.

상대가 긍정적으로 반응해줄 것이라는 확신이 없기 때문에 상처받지 않기 위해서다.

화를 내는 아내가 호랑이만큼 두렵다는 남편도 있다. 다가가면 언제나 이성적으로 대답하는 남편이 무섭고 자신감이 없어진다는 아내도 있다. 정서적 친밀감이 사라지면 관계는 무의미해지거나 오히려 나에게 부정적으로 작용한다.

부부 관계를 회복하려면 접근하고 반응하는 데에 엄청난 에너지를 들여야만 한다. 거절당할지 모른다는 두려움, 배우자에 대한 분노와 실망을 이겨내야 한다. 그런데 불화가 너무 심하면 부부 스스로 관계를 복구하기가 쉽지 않다.

접근과 반응을 이끄는 '재연'

부부가 유대감을 회복하려면 반드시 접근과 반응이 이뤄져야 한다. 부부 상담에서 이를 도와주는 것이 '재연'이다. 부부가 서로 마주 본 상태에서 상담 시에 알게 된 깊은 감정을 표현하고 서로의 감정에 적절하게 반응할 수 있도록 하는 과정이다.

상담자의 도움으로 '재연'하는 방법을 익힌 뒤에는 부부끼리 스스로

해낼 수 있다. 접근과 반응이 시작되면 부부는 부정적인 고리에서 서서히 빠져나온다.

접근의 주체는 나 자신이다. 내 생각과 감정을 드러내야 한다. "당신 바쁜 건 알지만 나한테 너무 무관심한 것 같아서 당신이 미웠어"라고 나를 표현하면서 다가가야 한다. "회사 일은 뭐 당신이 다 하는 거야? 일 년 내내 가정에 손톱만큼도 관심이 없어"라고 말하면 배우자는 자신을 공격한다고 느껴서 반응을 보이기보다 회피하게 된다.

반응의 주체는 상대이다. 그래서 상대의 생각과 감정에 반응하는 것이 좋다. 건강한 반응은 배우자의 마음에 진심으로 다가가는 것이다. "당신 내가 늦게 들어와서 힘들고 외로웠겠네. 당신이 이렇게 힘든 줄 몰랐어. 미안해, 여보"라고 말하면 상대는 위로를 받는다. "내가 놀면서 늦는 줄 알아? 그렇게 불만이면 당신이 나가서 돈 벌든가." 이렇게 자신의 입장만 표현하는 반응은 배우자를 다시 화나게 한다.

건강한 접근과 반응은 냉랭한 기류를 순식간에 긍정적으로 바꿀 수 있다. 자신의 감정을 표현하자. 그리고 자신의 입장을 잠시 내려놓고 상대방의 감정과 생각을 듣고 반응하자. 이때 반영과 인정하는 태도로 하면 더욱 효과가 좋을 것이다.

배우자의 편이 되어주라

그동안 우리나라 남편들은 아내 편이 된다는 것을 부정적으로 생각했다. 가까운 사람에게는 함부로 대하고 친하지도 않은 사람의 편을 드는 경우가 많았다. 밖에서는 따뜻하게 말하면서 집에서는 고함치고 짜증과 화를 냈다.

"저희 아버지는 제가 학교에서 친구들에게 놀림을 당하고 와서 힘들다고 말하면 '그럴 만한 이유가 있어서 그랬겠지. 네가 뭘 잘못했는지 생각해봐'라고 했어요. 사촌과 싸우기라도 하면 사촌들 편에서 말했어요. '네가 아무리 속상해도 그렇게 화를 내면 되겠어? 걔가 얼마나 힘들었겠니?'라면서 한 번도 제 편을 들어준 적이 없어요. 남편도 마찬가지였어요. 같이 모임에 갔다 오면 늘 '그 사람 앞에서 꼭 그 말을 해야 했어? 그 사람이 얼마나 민망했겠어. 그리고 그 사람이 왜 그 말을 했는지 당신 자신을 좀 돌아봐'라며 저를 비난했어요. 제 삶을 돌아보면 너덜너덜해요. 아무도 제 편이 되어주지 않았어요. 기댈 사람도 없고 자신감도 없어서 힘들었어요. 상담 초기에 선생님이 제 말을 듣고 '그럴 수 있었겠다, 힘들었겠다'라고 말씀해주실 때 얼마나 낯설었는지 몰라요. 요즘은 자신감도 생기고 우울한 감정도 많이 사라졌어요. 남편이 제 편이 되어주고 있거든요. 이제는 살 것 같아요."

당신이 배우자의 편이 되어주면 배우자는 당신뿐 아니라 당신 주변 사람까지 아껴주게 된다. 반면에 친구, 형제자매, 부모님, 직장 동료의 입장에서 배우자를 설득하려 하면 배우자는 당신은 물론 그들까지 싫어하게 된다. 배우자에게 항상 내가 당신 편이라는 느낌이 들도록 표현해주는 노력이 필요하다. 친밀감의 욕구를 계속해서 채워주어야 한다는 뜻이다.

사람은 빵만으로 살 수 없다

소중한 사람에게 기대고 싶은 욕구는 일생 동안 지속되는 인간의 건강한 기본욕구다. 그동안 우리는 이 기본욕구를 무시하여 충족시켜주지 못하고 살았다. 식욕이 생존을 위한 기본욕구이듯 가족으로부터 위로 받고 싶은 욕구도 마찬가지다. 그런데 밥 먹고 싶다는 사람을 나약하다고 하지 않으면서 다른 사람의 인정, 위로 지지를 구하는 사람은 나약한 사람 취급했다.

사람은 빵으로만 살 수 없다. 아플 때는 친구가 되어주고 실의에 빠졌을 때는 손을 잡아줄 사람이 필요하다. 부부에게는 배우자가 바로 그런 사람이다. 돈을 벌어다주고 밥을 해주는 것만으로는 부족하다. 정서를 알아주고 고통을 나누어줄 때 배우자로서 가치를 느끼고 자신의 존재 이유도 확인하게 된다. 작은 관심이 먹이다. 마음을 살피는 것이 먹이를 주는 것이다. 정서적인 먹이가 공급되어야 사람은 살아갈 의미를 갖게 된다. 황혼에 두 손을 잡고 걸어가는 노부부의 모습이 아름다운 것은 서로에게 친밀감이라는 먹이를 주고받는 모습이기 때문이다. 가장 기본이 되는 욕구를 서로 충족시켜주고 있기 때문이다. 이러한 관계 속에 진정한 휴식이 있고 행복이 있다.

사랑이라는 치료약

알코올, 마약, 도박, 성, 쇼핑, 니코틴, 인터넷, 게임 등 우리가 중독되는 것들의 종류는 매우 다양하다. '중독되었다'라고 판단할 수 있으려면 세 가지 요소가 있어야 한다. 신체적인 도취high, 일정한 양fix을 유지하려는 시도, 사용물substance에 대한 내성의 증가다.

어떤 계기로 어떤 음식을 취하거나 행위를 했을 때 기분이 좋다고 느끼면 문득문득 그 생각이 난다. 그렇게 하니까 기분이 좋던데… 하면서 그때 그 행위를 반복한다. 계속한다. 이렇게 시간이 좀 흐르다보니 예전에 하던 것처럼 해서는 처음의 그 기쁨, 환희를 느낄 수가 없다. 결국 양을 늘리거나 행위의 강도를 높인다. 그래야만 그 처음의 행복감을 느낄 수 있기 때문이다.

그런데 만약 내가 원할 때 그것을 취하거나 할 수 없으면 극도의 박탈감을 느끼고 일상생활을 유지할 수가 없다. 엉망이 된 현실은 안중에 없다. 기분 좋은 상태, 근심걱정 하나 없이 그저 황홀한 상태에 계속 머물고 싶다. 결국 모든 시간과 돈을 투자하고, 그걸로도 모자라 주변 사람들을 괴롭힌다.

포르노 중독도 크게 다르지 않다. 다분히 비현실적인 배경과 의도적으로 만들어낸 거짓 오르가슴이 엔돌핀, 도파민, 세로토닌처럼 기분을 좋게 해주는 신경물질을 분비하게 만든다. 놀랍고 짜릿하다. 보고 또 보고, 또 찾아본다. 그러는 동안 내성이 생겨 예전의 그런 자극으로는 도저히 만족할 수가 없다. 강한 것, 특이한 것, 더 비정상적인 것을 찾게 된다.

그런데 희한한 것은 이렇게 짜릿한 쾌감을 주는데도 중독이 되면 만족과 평안을 주는 애착 호르몬인 옥시토신은 분비되지 않는다는 사실이다. 그래서 그토록 짜릿한데도 온전한 충족감은커녕 결국은 공허함을 느끼게 되는 것이다.

포르노에 중독이 되면 애착대상이 배우자가 아니라 포르노가 된다. 포르노의 강한 자극에 익숙해져 배우자와의 성관계에 만족하지 못한다. 포르노를 통해서도 진실한 기쁨과 만족감을 느낄 수 없다. 허하고 불안한 마음에 더 자극적인 행위를 추구하게 된다. 중독이 되면 더 이상 처음 느꼈던 그런 쾌감마저도 느낄 수 없게 된다.

포르노는 애착대상과의 성적인 단절을 초래하고, 성적인 단절은 부부 사이의 유대감을 줄어들게 하며, 성기능을 비롯한 심신의 건강을 해친다. 포르노가 아니라 실제 사람과의 '관계'에 집중해야 한다.

부부, 그 특별한 관계

부부는 '성적인 접촉'이 허용되는 유일한 '관계'다. 오직 부부이기 때문에 할 수 있는 그 행위는 부부를 더 돈독하고 끈끈하게 만들어준다. 친밀감이 있는 부부는 성관계의 만족도 높고, 성관계의 만족이 높으면 부부 사이의 유대감도 강하다.

특히 사이가 나빴던 부부가 회복되는 과정에서 성관계를 가질 경우 이것이 부부 사이의 친밀감을 강화하는 데 결정적인 계기가 되기도 한다. 서로에게 안정감을 느낄 때 다양한 시도를 하고 위험을 감수하며 성관계를 충분하게 즐길 수 있는데, 부부가 서로에게 다시 마음을 여는 상황에서는 성관계가 주는 모든 유익한 점들을 유용하게 누릴 수 있기 때문이다.

흔히 말하는 속궁합은 정서적인 친밀감에 있다는 사실을 관계가 회복된 부부를 통해서 자주 목격한다. 심리학자 수잔 존슨 박사는 정서적으로 친밀한 대상과 성관계를 가질 때 가장 자발적이고 열정적이며 만족스럽다고 말한다.

중독자들은 대부분 자기 연민에 잘 빠지고 공감하는 능력이 떨어진다. 자신의 부정적인 정서에 골몰해 주위를 둘러볼 여유가 없기 때문이다. 그러나 내가 뭘 원하고, 뭐가 부족한지, 또 배우자에게 바라는 것이 뭔지를 알고 솔직하게 표현하면 부부는 정서적으로 친밀해진다. 그리고 인정과 지지를 통해 외로움과 불안에서 서서히 벗어난다.

외로움과 불안이 해소되면 앞에서 말한 여러 가지 중독에서도 벗어날 수 있다. 중독은 분명 치료가 어렵다. 그러나 불치병은 아니다. 부부 사이의 관계만 회복되어도 얼마든지 중독에서 벗어날 수 있다.

PART 6

부부가 살아나면
가정이 살아난다

많은 부부가 이혼의 위기에서 벗어나

새롭게 태어나는 것을 보면서

부부가 살아나면 가정이 살아난다는 것을 깨달았다.

시댁과의 갈등, 장서 갈등, 자식 문제 모두

부부 문제만 해결되면 자연스럽게 해결된다.

가족이 변했다

우리나라 가정은 오랫동안 대가족 제도를 유지하다 현대에 와서 급속도로 핵가족으로 변화되었다. 사회·경제적 변화에 따른 필연적인 결과다. 가족 형태는 달라졌지만 여전히 대가족 시절 지침을 따르는 가정이 많다. 우리나라 가정이 아픔을 겪을 수밖에 없는 가장 큰 이유 중 하나다.

위계질서라는 함정

여러 세대가 한 공간에서 사는 대가족을 안정적으로 운영하려면 위계질서를 세우는 것이 좋다. 그래서 나라에서 나서서 상하관계를 단속하고, 부자유친父子有親, 부부유별夫婦有別 등 위아래를 묶어주는 덕목을 앞세웠다. 즉 부자 간에는 친밀감이 있어야 하고 부부 간에는 법도가 있어야 했다. 부부가 사랑하고 친밀하면 팔불출이었고 못난 사람이라는 비난을 받았다. 여자 치마폭에 싸여서 큰일을 못할 사람으로 치부했다.

대가족을 움직이는 핵심은 효도였다. 대가족 제도 하에서 모든 가족은 명절에 어떤 일이 있더라도 모여서 차례를 올렸다. 부부가 갈등이 있더라도 부모를 생각해서 교통지옥을 참으며 부모님이 계신 고향을 찾아갔다. 부부가 사랑하지 않아도 가정은 흘러갔다. 남편이 밖으로 돌아도 아내는 집안을 단속하며 서로 분리된 채 오로지 대가족 제도의 일부로 존재했다.

부부가 가정의 중심이다

대가족이 어른 중심으로 모인 가정이라면, 핵가족은 부부를 중심으로 이루어진 가정이다. 부부가 핵가족을 움직이는 핵심이다. 그래서 부부가 서로 친밀하지 않으면 핵가족은 위기를 맞게 된다. 대가족은 부부가 바로 서지 않아도 그럭저럭 가정을 유지할 수 있었지만, 핵가족은 부부가 바로 서 있지 않으면 가정의 질서가 무너진다. 양쪽 부모에게 다가가기도 힘들고 자녀 양육도 어려워진다. 과거에는 부부 사이에 사랑이 없어도 부모에게 도리는 다했지만 이제는 꼭 그렇지도 않다.

대가족과 핵가족의 효도 방법은 다를 수밖에 없고 또 달라야 한다. 핵가족화된 현실에서조차 효도만을 강조하여 위기를 맞는 부부가 여전히 많다. 가슴 아픈 일이 아닐 수 없다. 시부모와 떨어져 지내는 핵가족 시대에도 고부갈등이 여전히 줄지 않는 이유가 있다. 바로 가정이 부부 중심으로 바로 서지 않았기 때문이다.

핵가족이 안정되어야 대가족도 살아날 수 있다. 대가족의 옷만 고집해서는 오늘날의 부부가 좋은 관계를 유지하기 어렵다.

가부장제가 가정을 망친다

안타까운 것은, 지금도 많은 남편들이 가부장적인 태도로 가정을 이끌고 있다는 사실이다. 자신이 어떻게 해야 가정이 사는지 몰라서 이전 부모의 태도를 그대로 답습한다. 밖에서 남자가 하는 일은 중요하고, 집에서 여자가 하는 일은 하찮은 것으로 여기는 태도도 여전하다.

"여자가 집에서 무슨 일을 한다고 불평이냐?"

"여자가 집에서 뭘 했기에 애가 이 모양이냐?"

가부장적 사고가 뿌리 깊은 남편에게는 아내에게 화를 내고 짜증을 내고 무시하는 발언을 하는 것이 전혀 이상한 일이 아니다.

평소에는 꽤 가정적인 남편이 갈등이 생기면 갑자기 가부장적으로 변하기도 한다. 부부가 대화하고 상의하는 것이 아니라 자신이 시키는 대로 하기를 원하고 자녀에게도 이야기를 하자고 하고는 일방적으로 야단을 친다.

가부장제 사고는 이처럼 가장 사랑해야 할 소중한 가족을 하찮은 존재로 만들어버린다. 반드시 대물림을 끊어야 할 가슴 아픈 우리나라 가정의 단면이다.

부부가 변하면 가족이 살아난다

가장도 가부장제의 피해자다

아직도 많은 우리나라 가정에서는 여전히 가부장적인 태도가 중심 기제로 작동하고 있다. 아무 생각 없이 자기 아버지를 따라 하는 경우도 있지만 어떤 것이 가부장적인 것인지, 그렇게 하지 않으면 어떻게 해야 하는지 몰라서 여전히 가부장적 태도를 취하는 경우도 있다.

할 수 있는 것은 아버지보다 부드러운 말투를 쓰고 많은 것을 양보하는 것이다. 그런데 이렇게 해도 아버지보다 인정받지 못하고 사는 것 같아 억울한 감정만 쌓인다. 아버지보다 자기중심적이지도 않고 열심히 일하고 가사일도 돕는데 아내가 왜 불만을 갖는지 이해하기 어렵다. 더 이상 어떻게 해야 할지도 모르겠고 그래서 차라리 다시 가부장적인 시대로 돌아가면 좋겠다는 생각도 든다.

그런데 많은 사람들이 모르는 것이 있다. 가부장제 안에서는 남편도 피해자다. 생활과 관련한 모든 짐을 강제로 짊어져야만 한다. 책임감이 어깨를 짓누른다. 개인으로서의 삶은 사라지고 가장으로서의 역할만 남는다. 이럴 때 가정은 족쇄가 된다. 남편으로서도 아버지로서도, 이런 역할을 떠난 자연인으로서도 행복한 삶을 누리기 어렵다.

사회적으로도 성공하고 자기 자신을 가정적이라고 생각하는 남편 성현 씨는 늘 억울했다. 성현 씨의 아버지는 폭력적이었다. 술을 마시면 아무도 자지 못하게 했다. 잠을 재우지 않아서 가족 모두에게 고통이었다. 아버지의 발자국 소리는 가족에게 공포였다. 멀리서 아버지의 발자국 소리가 들리면 일사불란하게 각자 방에 들어가 불을 끄고 이불을 덮었다. 또 아버지는 뭔가 눈에 거슬리는 게 있으면 가족들을 집합시켰다. 아버지의 일장 훈시는 아침까지 이어졌다.

그런 환경에서 벗어나게 해주려고 어머니는 아버지를 설득해서 성현 씨를 고등학교 때 서울로 유학 보냈다. 성현 씨는 꼭 필요한 경우가 아니면 집에 연락하지 않았다.

그런데 성현 씨는 아버지가 돌아가시고 나서야 아버지도 가부장제의 희생자였음을 알았다. 빚을 내어서 공부시켜준 부모님에 대한 사랑도 느끼게 되었다. 아버지에게 직접 듣고 피부로 경험하지 못한 사랑을 아버지가 세상을 떠난 후에야 느끼게 되어 슬펐다.

이제 성현 씨도 결혼을 해서 가정을 꾸렸다. 아버지와 다르게 살겠다고 생각했지만 그 역시 부부 불화로 상담을 받게 되었다.

"제가 아버지보다 훨씬 나은 모습으로 살고 있는데, 아내와 아이들이 왜 곁에 오지 않는지 이해할 수 없습니다. 저희 아버지는 폭력적이었지만 저는 그렇지 않다고 생각하는데 아이들이 저를 피하니 억울하기만 합니다. 아내는 시댁에 하루만 갔다 와도 힘들다고 불평하고 드러누워요. 어머니는 지금보다 더한 고통을 평생 참아냈는데 아내는 왜 이럴까 하는 마음에 화가 납니다. 좋은 아버지, 좋은 남편이 되고 싶은데 어떻게 해야 할지 모르겠어요."

그 시대 어머니가 얼마나 많은 것을 표현하지 못하고 숨죽이고 살았는지, 얼마나 큰 아픔을 견뎌내고 한을 품고 살았는지 그는 잘 몰랐다. 어머니처럼 살기를 요구하는 것이 얼마나 이기적이고 폭력적인 태도인지, 그것을 요구하는 것은 아버지와 똑같은 모습이 되는 것이라는 사실도 미처 깨닫지 못했다. 아버지가 화를 내면 어머니가 숨죽여 참는 것밖에 보지 못했다. 부부가 위로하고 고통을 풀어주는 모습을 보지 못했기에 부부가 어떻게 해야 행복하게 살 수 있는지 성현 씨는 몰랐던 것이다.

부부 상담 후 아내와 관계가 회복되고 자녀와 소통도 잘하게 된 성현 씨가 말했다.

"돌아보면 내게는 '결혼'과 '가정'에 대한 개념이 없었어요. 요즘은 가족의 의미에 대해서 고민하고 있는 저 자신이 좋고 하나하나 알아가는 것이 즐거워요. 이전에는 밖에는 신경을 많이 쓰고 가족들에게는 소홀했어요. 강압적이었구요. 그럼에도 불구하고 저는 제가 가부장적이라고 생각하지 않았어요. 오히려 제 자신을 가정적이라고 생각했어요."

부부는 서로 위로하며 부정적인 감정을 풀어주는 관계다. 그런데도 아내가 어머니처럼 참고 견뎌주길 바랄 뿐 성현 씨는 아내의 아픔에 어떻게 반응해야 할지 몰랐다. 아내의 쌓인 감정을 어떻게 풀어야 할지 몰랐다. 부부 관계가 가정의 문제를 해결할 수 있는 주요 심장부인데, 그동안 우리는 그 사실을 알지 못했다.

마음대로 되는 가족은 없다

가족들의 기분과 감정은 고려하지 않고 모범을 보이지도 않으면서 옳은 말만 늘어놓는 것 역시 가부장적인 태도다.

명문대학에 들어가서는 온종일 게임만 하는 아들이 있었다. 아버지는 아들을 변화시킬 수 있다는 신념으로 매일 좋은 글귀를 찾아 문자로 보냈다. 그렇지 않아도 아버지와 서먹한 아들은 끊임없이 교훈적인 말을 보내는 아버지에게 화가 나서 애먼 휴대폰만 세 대나 박살을 냈다. 즉 자신은 돈만 벌어 오면 할 일을 다한 것이라며 가족들을 자기 마음대로 조정하려는 아버지가 아들은 너무 싫었다. 숨이 막혔다. 아버지는 옳은 말이 아들을 바꾸지 못하고 좋은 관계가 자녀를 변화시킨다는 사실을 끝내 몰랐다.

예전에는 자녀를 강하게 키우기 위해 칭찬하지 않는 아버지가 많았다. 나약해진다며 안아주지 않고 단점만 꼬집고 야단쳤다. 그게 자녀에게 얼마나 상처를 주는 일인지 알지 못했다.

가족이 느끼는 감정은 전혀 고려하지 않고 가족에게 함부로 대하거나 무심하면서 담장 밖의 다른 사람들에게는 따뜻하고 친절하여 가정에 이중의 상처를 안기는 사람도 있다. 이것도 가부장적인 모습이다. 자기 체면을 위해서 가족의 희생을 강요하는 것이다. 이런 남편들이 자주 내뱉는 말이 있다.

"내가 바람을 피웠어? 딴살림을 차렸어? 폭력을 썼어?"

남편이 외도하지 않고 폭력을 쓰지 않는다고 가족이 절로 행복해지는 것은 아니다. 부정적인 행동을 하지 않는 것만으로는 부족하다. 가족은 아껴주어야 할 소중한 존재다. 아껴주면서 함께 행복을 만들어가야 한다. 외도하고 때리지 않으니 그걸로 만족해야 한다고 생각한다면 우리나라 부부와 가정에는 미래가 없다.

누구를
위한
가화만사성인가

가화만사성家和萬事成! 가정이 화목해야 만사를 이룬다는 뜻으로, 많은 가정에서 가훈으로 쓰는 말이다. 그러나 그동안 우리의 가족이 정말로 가정의 화목을 이뤄왔는지 생각해봐야 한다. 가화만사성을 이루기 위해 가족이 서로 소통하고 사랑한 것이 아니라 가정은 무릇 화목해야 한다는 강박관념에 사로잡혀 부정적인 감정은 표현하지 못하게 하는, 무시무시한 폭력을 휘두르지는 않았는가? 가화만사성이라는 가훈을 가정을 단속하고 억압하는 족쇄로 쓰는 집은 혹시 없을까? 진정으로 가화만사성에 대해 고민해봤는가?

우리는 가화만사성의 의미를 잘못 알고 있었다

그동안 우리는 진정한 화목을 어떻게 이뤄가야 할지 몰랐다. 불만이나 부정적인 감정을 표현하면 가정의 화목을 깨는 배신자가 되었다. 가족들은 아무 잘못을 하지 않았는데도 암탉이 울면 가정이 망하고 자녀를 안아주면 상투 잡는다며 남편이, 아버지가 먼저 가족들을 울리기도 했다. 아내와 자녀를 사랑하면 팔불출이 되는 시절이었다. 즉 가화만사성이 외부인에게 보여주기 위해 필요한 가훈, 가족을 단속하기 위한 가훈으로 악용된 것이다. 얼마나 비극적인가?

갈등을 드러내고 풀어야 정말로 화목하게 살 수 있는데, 가족들은 아무런 불평 없이 화목한 척 지내야 했다. 남편은 가정의 화목을 만들어가는 방법을 모르고, 아내는 밖에서 하는 남편의 일을 이해하지 못했다. 가정과 외부를 철저히 분리시키는 것이 가부장제의 '가화만사성'이었다. 한 남편의 고백을 통해서 진정한 가정의 화목에 대해 생각해보려 한다.

"저에게는 '화목한 가정'에 대한 그림이 없었어요. 어릴 때 저희 집은 늘 전쟁터였으니까요. 아버지는 제가 무슨 말을 하면 '아버지는 나가서 열심히 일하고 있는데, 자식이 어디서 불평이냐'며 야단치고 어떤 말도 들어주려 하지 않았어요. 그래서 저는 어릴 때부터 제 문제를 철저히 혼자 해결했어요.

아버지가 저한테 이야기 좀 하자고 하는 날은 몇 시간이고 아버지의 일방적인 설교를 들어야 했어요. 그토록 싫었던 어릴 적 저희 집의 모습이 지금 그대로 재현되고 있어요. 나는 내 문제를 해결할 테니 당신 문제는 당신이 해결하라고 아내에게 요구했어요. 저는 모든 문제를 혼자 해결하는데 아내가 사소한 일로 불평하는 게 보기 싫고 화가 났어요. 아버지보다 더 열심히 일해서 저는 돈도 잘 버는데, 아내는 뭘 하는지 모르겠어요. 그런데 적반하장으로 아내가 저한테 자꾸 화를 내고 불만을 가지니까 사업이고 뭐고 다 던져버리고 확 죽고 싶은 심정이에요. 어떻게 살아야 할지 모르겠다니까요? 저는 정말 최선을 다해 살고 있는데 왜 이리 불행한 거죠?"

부부는 모든 일을 함께 나눠야 한다. 요즘 부부가 혹은 가족 구성원이 철저히 분리되어 겉으로만 화목한 척하며 살아가는 가정이 많다. 불행한 일이다. 부부가 된 이상 부부 앞에 닥친 모든 문제를 함께 풀어가야 한다. 사업하고 육아하다가 지친 마음을 가족과 나누면서 풀고 서로의 노고를 아낌 없이 인정해주어야 한다. 그런 분위기가 자연스럽게 가정에 녹아들어야 진정한 화목을 이룰 수 있다.

가정은 좋은 이야기만으로 탄탄해지지 않는다

좋은 말만 한다고 가정이 화목해지지는 않는다. 밖에서, 안에서 발생하는 부정적인 감정까지 모두 나눌 수 있어야 건강해지고 진정으로 화목할 수 있다. 화목한 척하느라 부정적인 감정을 표현하지 못하게 하면 가족들 모두 점점 자신감이 떨어진다. 어디에서도 자신을 솔직하게 표현하지 못하고 호인인 양 좋게 보일 수 있는 행동만 한다. 문제가 생기면 혼자 해결하려다가 풀기 어려우면 쉽게 좌절한다. 그동안 많은 가정이 '화목한 가정'이라는 틀을 유지하는 데 급급했지 진정한 행복은 누리지 못했다. 가족과 함께하는 시간 없이 밖에서 대부분의 시간을 보내면서 가화만사성을 외쳤다.

다행히 최근 들어서 많은 부부가 진정한 가화만사성을 이루기 위해 노력하는 모습이 보인다. 가족의 아픔을 용기 있게 드러내고 문제를 수술하려 한다. 문제를 담장 안에 가두고 아파하기보다는 드러내어 고치고 변화시키며 행복을 만들어간다. 가정을 새롭게 디자인하고 있는 것이다. 이런 사람들은 화목한 가정이 만사를 이루는 데 근본이 된다는 사실을 제대로 경험하며 산다. 가정이 만사를 이루는 심장부임을 알고 실천하는 현명한 사람들이다.

가장은 체면을 벗어버리고 가정의 대변자가 된다. 바깥일도 안에서 나누고 가정의 대소사에도 적극적으로 참여한다. 아버지학교도 가고, 부부학교에도 참석하여 자신의 민낯을 드러내기를 두려워하지 않는다. 자녀를 안아주고 아내와 대화하기 시작한다. 이렇게 하면 가족은 더 이상 각자 따로 삶을 살지 않고 모든 일을 함께하는 가족이 된다. 이를 위해서 배우기를 두려워하지 않는다.

주목할 것은 이렇게 변하면 남자가 더 위로를 받는다는 사실이다. 집에 와서 큰소리치지만 아무도 함께하지 않아 외로웠던 아버지가 더 이상 아니다. 가정이 화목하니 정말로 만사를 이룰 수 있을 것 같다. 마음이 꽉 찬 듯한 감동을 받고 가족에게 고마움을 느낀다. '가화만사성'의 진정한 의미를 찾아가는 우리나라 가정에 희망이 있다.

가정을 불행하게 만든 지침들

우리는 주변에서 "가정을 유지하려면 이렇게 해야 해, 저렇게 해야 해"라는 이야기를 많이 듣고 있다. 술자리에서, 모임에서 반 우스갯소리로 나누던 이야기들이 마치 가정을 지키는 절대적인 진리인 양 받아들여지기도 한다. 그러나 이런 말들 중에 가정을 망치는 지침들이 숨어 있다. 여과 없이 떠도는 말들은 삶에 매우 부정적인 영향을 끼칠 수 있으니 조심해야 한다. 상식은 누구에게나 적용될 수 있는 보편적인 사실이다. 잘못된 상식을 바로 잡고 고쳐야 가정이 살아난다. 다음은 고쳐야 할 지침들이다.

잡은 물고기 먹이 주지 않는다

부부에게 '먹이를 준다'고 하거나 '잡은 물고기'라는 표현을 쓰는 게 적절치 않을 수 있다. 그러나 우리가 의식하지 못하고 흔히 쓰는 말이기에 그 말에 빗대어서 설명하자면 다음과 같다.

인간은 끊임없이 관심을 필요로 한다. 가정은 살아 있는 생명체이고 그것은 가족의 지지와 격려에 기인한다. 부부 간, 부모 자녀 간의 위로와 격려에서 나오는 놀라운 생명력이 험한 세상을 살아가는 데 위안이 된다. 그런데 우리는 부부의 관계를, 자녀와의 관계를 너무 하찮게 여기고 소홀하게 관리했다. 밖에서 만나는 사람들에게는 지나칠 정도로 친절하면서 가족에게는 예의도 없이 함부로 대했다.

부부에게는 여러 관계의 갈등, 교육 문제, 경제 문제 등 해결해야 할 크고 작은 일이 많다. 그래서 잡은 물고기가 계속 상처를 받게 된다. 가만 생각해보면 잡은 물고기가 더 많은 관심이 필요하고 잡은 물고기에게 먹이를 주는 것이 맞다. 아이에게는 사랑과 관심이 필요하다는 건 모두가 안다. 그런데 사실은 나이가 들어도 똑같다. 인간은 요람에서 무덤까지 다른 사람이 주는 위안이 필요하다. 사람은 관심과 사랑이라는 먹이를 먹고 성장한다.

가족 문제는 담장 밖으로 나가면 안 된다

가족의 문제는 제때에 해결하지 않으면 점차 악순환의 고리에 갇힌다. 이러한 악순환의 고리는 점점 더 큰 소용돌이가 되어 강력하게 작동하기 때문에 외부의 도움을 받지 않으면 스스로 빠져나오기 어렵다.

심지어 상담을 하러 온 사람들 중에도 많은 이들이 가족 문제를 굳이 상담을 해야 하느냐며 우리끼리 해결하면 되는데 쓸데없는 짓을 한다고 말한다. 수십 년을 노력해도 스스로 빠져나오지 못하면서 여전히 그런 생각에 머물러 있다. 그러한 생각이 악순환을 고착시킨다. 한 세대로 끝나지 않고 '담장 안에서' 다음 세대로 전수된다. 담장 안에 가족에게 전수되는 문제는 점점 더 심각해져 간다.

가족의 문제는 담장 밖으로 흘려보낼 때 해결할 수 있다. 가족은 체면이 아니라 행복을 선택해야 한다.

기싸움에서 절대로 지면 안 된다

가정은 전시 상황이 아니다. 내가 배우자를 이긴다고 해서 부부 관계가 편안해지지도 않는다. 결혼할 때 들었던 충고가 있었다.

"이불 먼저 개지 마라. 한 번 개면 끝장이다."

이불을 개면 진다는 거다. 그리고 한 번 지면 평생을 잡혀 산다는 거다. 결혼을 '잡느냐 잡히느냐'의 싸움으로 바라본 것이다. 부부는 서로 배려하고 의지해야 행복할 수 있는데 그렇게 하지 말라고 반대로 가르쳤다.

내가 상대의 마음을 알아주면 상대방도 내 마음을 알아준다. 배려는 배려를 낳는다. 내가 칭찬을 하면 상대도 나를 칭찬한다. 내가 사랑을 줘야 상대도 나에게 사랑을 준다. 부부와 가족은 서로 메아리처럼 내가 하는 대로 나에게 반응한다. 그래서 내가 기싸움을 시작하면 상대도 나와 기싸움을 벌이게 된다. 그러다 관계는 악화되고 남편과 아내는 따로따로 고립되어 살아가게 된다.

과거의 가정은 싸움터에 가까웠다. 하지만 가정은 부부가 서로 잘하기만 하면 그 어디서도 줄 수 없는 생명력이 샘솟는 곳이다.

아내를 사랑하고 자랑하면 팔불출이다

사람을 사랑하는 것은 좋은 것이라고 배웠다. 원수까지 사랑하라는 말도 있다. 그런데 가장 소중한 배우자와 자녀를 사랑하면 못난 놈이고 팔불출이라고 생각하던 시절이 있었다. 이것처럼 불행한 일이 없다.

서로 사랑하고 아끼면 그 사랑의 에너지가 주변으로 흘러간다. 그 힘으로 부모에게도 잘할 수 있고 자녀에게도 충분히 사랑을 줄 수 있다. 부모 앞에서도 자기 배우자를 아껴주어야 한다. 부모 앞에서 배우자를 함부로 대해서는 안 된다. 아내는 친정 부모 앞에서 남편을, 남편은 시부모 앞에서 아내를 지지해주어야 한다.

그동안 우리는 배우자를 사랑하고 아껴주는 방법을 몰랐다. 그렇게 하는 모습을 보지도 못했고 가르침을 받지도 못했다. 오히려 부부가 가까워지면 불효라고 생각했다. 지금도 부부가 서로 아껴주고 사랑하는 방법을 모르고 살아가는 가정이 많다.

자녀를 사랑하면 버릇이 없어진다

사랑하는 자녀도 잘못했을 때는 따끔하게 야단을 쳐야 한다. 하지만 자녀가 칭찬받을 행동을 해도 안아주지 않는 사람들이 많다. 자녀는 자신을 바라보는 부모의 시선에서 자신의 존재 가치를 느낀다. 부모가 자신에게 너는 사랑받을 만한 가치가 있는 사람이라는 시선을 줄 때 자녀는 자신의 가치를 높게 평가한다. 부모의 시선이 자아존중감의 밑거름이다.

부모에게 비난을 받고 폭력을 당한 아이는 대개 버릇이 없고 부모에게 잘 대든다. 다른 사람과도 자주 마찰을 일으킨다. 부모의 사랑을 받은 아이가 자신과 다른 사람을 존중할 수 있다. 맹목적인 사랑이 아니라 건강한 사랑을 경험할 때 건강한 삶을 살 수 있다. 부모의 관심을 받고 그 사랑을 충분히 느끼며 자란 아이는 부모를 배신하지도 않는다. 방황하다가도 가정으로 돌아올 힘을 가지고 있다.

자녀가 어느 정도 자라면 부모는 자녀를 '고립'이 아니라 '독립' 시켜주어야 한다. 독립은 부모의 사랑으로 가능해진다. 애착연구가 메인 Main에 따르면 부모와 안정적으로 애착을 형성한 사람은 주변 사물과 사람에게 균형 있는 주의집중력을 보이지만 그렇지 못한 사람은 전 생애에 걸쳐서 타인을 의심하고 다른 사람의 관심을 끌기 위해 지나칠 정도로 많은 에너지를 쏟는다고 한다.

늦지 않았다. 그동안 잘못 알고 있던 것들은 지금부터라도 고쳐나가면 된다. 무심코 하는 말 속에 혹시 내 의도와는 다르게 부정적인 의미가 있지는 않은지 조심하고 늘 스스로 잘 살펴보아야 한다.

집house에 가정home을 담자

가족부부치료사가 된 후 약 2천 쌍이 넘는 부부와 가족을 만나면서 필자는 그들이 상담을 신청하는 핵심적인 이유가 한 가지임을 알게 되었다.

"당신이 더 이상 나를 소중하다고 생각하지 않는 것 같아!"

배우자에게 자신이 소중한 존재임을 확신할 수 없는 사람, 부모에게 자신이 소중한 존재임을 확신할 수 없는 자녀는 엄청난 고통 속에 빠져든다. 가족과 부부 갈등의 뿌리는 바로 이것이다.

우리는 가정에서 사랑의 힘이 얼마나 위대한지도 경험하고 다른 그 무엇으로도 대체할 수 없는 행복감을 맛보기도 한다. 반면 가족에게서 엄청난 상처를 받고 그 아픔에 인생의 많은 시간을 괴로워하기도 한다.

가정에 사랑이 살아나야 한다. 가족이 서로 사랑하는 방법을 배워야 한다. 가족의 사랑이 제대로 기능할 때 가족 구성원은 비로소 건강하고 독립적인 삶을 살 수 있다. 가족은 가장 친밀하고 가장 깊은 사랑을 나누는 존재여야 한다.

바빠도 사랑할 시간은 있다

바쁘면 사랑을 할 수 없다고 생각하는 사람이 많다. 필자도 결혼 초기 10년간 아내가 함께 시간을 보내자고 하면 바쁘다고 말했다. 사실 바빴다.

50대 중반이 된 지금은 그때보다 몇 배 더 바쁘다. 상담도 해야 하고 부부세미나에도 가고 책도 쓰고 방송 촬영도 한다. 지방으로 강의를 갈 때도 있고 외국에도 세미나 스케줄이 있다. 그런데 놀라운 것은 가족, 특히 아내와 함께할 시간과 대화할 시간은 몇 배 늘었다는 것이다.

바빠도 사랑할 수 있다는 것을 알았다. 바쁠 때 보여주는 관심이 더 큰 사랑을 만드는 것을 발견했다. 바쁠 때 보내는 관심 어린 문자와 전화 한 통화가 함께 있으면서 무관심하게 지내는 것보다 몇 갑절 큰 행복을 만든다. 바빠서 함께하지 못하는 미안한 마음을 전달하면 그것이 사랑으로 변한다. 그리고 바쁠수록 가족, 특히 배우자의 사랑이 더 필요하다. 바쁠 때 주고받는 사랑이 서로의 가치를 더 깊게 느끼게 해준다.

우리는 지금 어느 때보다도 부부의 의미가 중요한 시대에 살고 있다. 핵가족이 되면서 가족 간에 물리적인 거리가 생겼다. 그 물리적인 거리를 해결하기 위해서 이전보다 더욱 필요한 것이 정서적인 소통과 관심이다. 부모, 형제, 친척 간에 멀어진 관계를 해결하기 위해서 서로 관심을 가질 필요가 더 커졌다. 그리고 그것을 이루기 위해서 한 울타리 안에 있는 기본 가족 사이의 소통부터 배워야 한다. 핵가족이 탄탄하게 버티고 있어야 그 울타리 넘어 있는 다른 가족을 돌아볼 수 있다. 핵가족이 해체되면 오히려 다른 가족에게 신경을 쓸 수 없다.

지금 가까이 있는 가족과의 관계부터 관심을 가지면서 서서히 그 사랑의 힘을 외부로 흘려보내야 한다. 옆에 있는 사람과 관계가 따뜻해지면 그 온기가 담장 밖으로 흘러갈 수 있다. 명절 때 모인 다른 가족과 친척을 보살필 수 있는 여유도 생긴다. 지금 곁에 있는 가족과 친밀해지려는 노력을 먼저 해야 한다.

넓게 보면 많은 사회 문제를 치유할 수 있는 가장 좋은 방법도 지금 바로 곁에 있는 가족을 사랑하는 것이다. 한 집에 살고 있는 부부, 자녀 간의 정서적 거리를 좁혀야 한다. 핵가족이 건강해야 대가족도 살아날 수 있다. 담장 안이 병들지 않아야 그 너머 부모, 형제, 친척을 살필 수 있다. 이웃 사랑은 자신이 사랑을 받았을 때 행하기 쉽다. 부부가 살면 가정이 살고, 가정이 살면 우리 사회가 살아난다.

비난과 회피의 과학

감정코칭의 전문가이자 부모·자녀 관계 연구의 세계적인 권위자인 존 가트만John Gottman은 "비판은 비판일 뿐이다. 건설적인 비판은 없다"라고 했다. 모든 비판은 당사자를 고통스럽게 한다는 것이다. 사람은 누구나 '너는 뭐가 잘못되었다'와 같은 말을 듣기 싫어한다. 특히 내가 잘 보이고 싶고 나를 잘 봐주었으면 하는 사람이 나를 부정적으로 보는 듯한 말을 하면 몹시 상심하고 고민한다.

하버드 대학교의 심리학과 질 훌리 교수는 사랑하는 사람이 적대감을 보일 때 뇌에서는 어떤 반응을 보이는지 연구했다. 우울증을 겪은 적이 있는 여성과 우울증을 겪어본 적이 없는 여성 두 그룹으로 나누어 기능성자기공명영상(FMRI, Functional Magnetic Resonance Imaging) 기계에 들어가게 했다. 그리고 자기 어머니가 자신에게 했던 비난과 칭찬 두 가지 표현을 녹음해 들려주었다. 우울증을 앓은 적이 있는 여성은 비난의 말에 매우 당황했고 자신을 '신경질적이고 수치스럽다'고 평가했다. 비난의 말에 다시 예전의 그 부정적인 정서 즉 고통에 빠져든 것이다.

다른 사람이 아닌 가족, 배우자의 비난은 특히 아픈 상처를 남긴다. 그리고 그 상처는 언뜻 나은 것처럼 보이지만 조그만 자극에도 언제든 재발할 수 있다.

담을 쌓는다고 해결되는 것은 없다

비난과 공격도 상대방을 해롭게 하지만 회피적인 담쌓기 역시 배우자와 자녀에게 고통을 준다. 매사추세츠 대학교 심리학과의 에드 트로닉 교수는 엄마와 신생아를 대상으로 획기적인 연구를 실시했다. 엄마에게 아이와 눈을 맞추고 반응해주다가 연구자가 사인을 보내면 무표정한 표정으로 반응도 하지 못하게 했다. 그러자 아이는 눈을 크게 뜨고 엄마를 찌르고 악을 쓰더니 결국 울음을 터트렸다. 그러다 엄마가 다시 웃고 반응해주자 평정심을 찾았다.

부부 사이에서도 이런 반응이 나타난다. 배우자가 회피하고 담을 쌓으면 상대 배우자는 절망감과 버림받은 감정, 무력감에 빠진다. 예를 들어 회사에서 돌아와 그대로 방으로 들어가버리는 남편의 뒷모습을 보면 아내는 마치 세상에 혼자 남겨진 것 같은 상실감을 느낀다. 회피하고 담을 쌓는 행동 역시 상대방을 공격하는 행위인 것이다.

비난과 회피 모두 상대방을 힘들게 한다. 상대의 행동을 '잘못'으로 보고 가르쳐서 고쳐야 한다고 생각하는 사람이 많다. 말이 통하지 않으니 피하는 게 상책이라고 생각하는 사람도 많다. 이런 생각은 관계를 악화시킬 뿐이다. 부드러운 말로 상대를 대하고, 문제가 생기더라도 한발 다가가려는 용기가 필요하다.

EPILOGUE

남편의 사랑을 확인하고 보낼 수 있어서 다행이에요

필자를 만나는 대부분의 사람들은 불화를 겪고 있는 부부를 상담하면 골치 아프고 힘들지 않느냐고 묻는다. 필자는 늘 이렇게 대답한다.

"처음에 그들의 얘기를 들어주고 이해하려면 에너지를 많이 뺏기는 것은 사실입니다. 그런데 부부가 하나 되는 순간이 있습니다. 물론 시간이 걸리기도 하지만 갈등이 녹아내리는 순간을 기다리며 정성을 쏟으면 부부가 하나가 됩니다. 부부가 연결되고 결합되는 순간 저는 그동안 쏟아부었던 에너지의 몇 배를 보상받습니다."

남편과 아내가 부부가 되는 순간, 부부 사이에 생긴 감동은 상담가인 내게도 진하게 전해진다. 관계가 생명력을 갖는다는 사실을 몸으로 느끼는 순간이다. 그 시간을 위해서 아픔을 드러내고 서로의 상처를 싸매는 부부의 노력이 얼마나 아름다운지 모른다. 진정한 부부가 되기에는 아직 부족한 두 사람이 성숙을 향해서 한발 내딛는 과정에 내가 참여하고 있다는 것이 보람으로 다가온다. 상담실에는 매일 그런 감동이 흐른다.

사랑하는 남편을 갑자기 암으로 떠나보낸 아내가 있었다. 부부 상담을 통해 남편이 가부장적인 태도를 버리고 진심으로 아내에게 접근하고 반응하면서 결합되어 가던 부부에게 남편의 암은 청천벽력 같은 소식이었다. 부부는 좀 더 일찍 서로의 상처를 알고 관계 회복을 위해 노력하지 못한 것을 무척 아쉬워했다. 남편이 세상을 떠난 후 아내 혼자 다시 상담을 신청했다.

부부 사이 좋은 기억은 평생을 간다

"남편의 체취가 남아 있는 곳에 가면 그이 생각이 납니다. 친한 친구를 만나고, 상담을 통해서 얘기를 하고 나면 마음이 조금 가벼워집니다. 남편이 마지막 숨을 거둔 병원 앞에 자주 갑니다. 살아보려고 안간힘을 쓴 그때 모습이 기억나서 많이 울었습니다. 그래서 남편을 떠올리게 하는 모든 물건을 없애고 이사를 갔지만 계속 생각나는 건 어쩔 수 없었어요.

내 마음속에는 남편이 여전히 살아 있습니다. 회복하려는 노력 없이 떠나보냈으면 후회했을 거예요. 지금까지도 남편을 원망하고 있었겠죠. 제 마음에 살아 있는 남편이 좋은 사람으로 기억될 수 있어서 감사해요. 정확하게 말하면 남편은 사랑하는 방법을 몰랐어요. 결혼 생활이 참 길게만 느껴졌는데 남편을 떠나보내고 보니 '순간'이었다는 생각이 들어요. 그나마 남편이 저의 따뜻한 배웅을 받으면서 떠날 수 있어서 다행입니다. 저 역시 남편의 사랑을 확인하고 보낼 수 있어서 혼자 남은 세상을 견딜 수 있는 힘이 됩니다. 무엇보다 감사한 것은 남편이 떠나기 전에 저에게 했던 말이었어요.

'가장 소중한 당신을 곁에 두고 너무 멀리 돌아왔어. 이제 그것을 알고 당신에게 잘 해주고 싶은데, 몹쓸 병에 걸려서 미안하오. 지금 내 삶이 그렇게 많이 남지 않았다는 사실이 두렵기도 해요. 하지만 당신과 함께할 시간이 그리 많이 남지 않았다는 사실이 더 아쉽소. 당신을 사랑합니다. 조금 더 일찍, 더 많이 이 말을 해줬어야 하는데 이제라도 해줄 수 있으니 다행이오. 당신 힘들게 산 것 이제는 이해해. 얼마 남지 않은 삶을 앞에 두고 말하게 되어 아쉽지만 꼭 두 가지는 말하고 싶어. 여보, 그동안 당신 많이 힘들었지? 미안해 그리고 사랑해!'"

아내는 남편의 마지막 두 마디가 남은 생을 사는 데 큰 힘이 될 것이라고 말했다.

이처럼 배우자와 노력했던 좋은 기억은 유대감을 지속시켜주어서 남은 삶을 살아갈 힘을 준다. 필자는 이 부부를 통해 서로 연결될 때 비로소 독립할 수 있다는 말을 새삼 다시 실감하게 되었다. 바로 죽음이 부부를 갈라놓을지라도 혼자 남은 사람이 살아갈 수 있는 힘은 배우자와의 유대감에서 온다는 사실 말이다. 애착이 형성된 사람은 그 사랑을 가슴에 품으면서 혼자 살아갈 힘을 공급받는다. 두 사람이 사이가 좋으면 삶의 가치가 높아지듯 한 사람이 떠난 후에도 남은 사람이 원망과 후회 없이 살아가게 한다.

결혼을 신성하게 하는 것은 오직 사랑뿐이다.

_톨스토이

KI신서 9827

당신, 힘들었겠다

초판 1쇄 인쇄 2017년 1월 2일
2판 6쇄 발행 2024년 8월 23일

지은이 박성덕
펴낸이 김영곤 **펴낸곳** (주)북이십일 21세기북스
디자인 나투다
출판마케팅영업본부 본부장 한충희
출판영업팀 최명열 김다운 권채영 김도연
제작팀 이영민 권경민

출판등록 2000년 5월 6일 제406-2003-061호
주소 (10881) 경기도 파주시 회동길 201(문발동)
대표전화 031-955-2100 **팩스** 031-955-2151 **이메일** book21@book21.co.kr

(주)북이십일 경계를 허무는 콘텐츠 리더

21세기북스 채널에서 도서 정보와 다양한 영상자료, 이벤트를 만나세요!
페이스북 facebook.com/jiinpill21 **포스트** post.naver.com/21c_editors
인스타그램 instagram.com/jiinpill21 **홈페이지** www.book21.com
유튜브 www.youtube.com/book21pub

서울대 가지 않아도 들을 수 있는 **명강**의! 〈서가명강〉
유튜브, 네이버, 팟캐스트에서 '서가명강'을 검색해보세요!

ISBN 978-89-509-9670-3 13590

책값은 뒤표지에 있습니다.